U0315659

# 岩石广义流变理论

张海龙　著

北　京
冶 金 工 业 出 版 社
2020

## 内 容 提 要

本书以岩土力学、岩石力学、岩石流变力学为基础，全面系统地介绍了岩石广义流变的原理、广义流变试验系统、广义流变破坏模式、广义流变时效特性以及广义流变工程物理意义。揭示了岩体的时空演化规律、渐进破坏诱发机理，预测工程寿命。广义流变理论对工程的安全设计具有十分重要的意义及现实指导价值。

本书主要作为高等学校土木工程、采矿工程、安全科学与工程、地下工程专业等本科、研究生学习用教材；也可供地下工程、岩土工程等相关研究者、工作者参考。

**图书在版编目（CIP）数据**

岩石广义流变理论/张海龙著. —北京：冶金工业出版社，2020.9

ISBN 978-7-5024-8488-0

Ⅰ.①岩… Ⅱ.①张… Ⅲ.①岩体流变学 Ⅳ.①TU452

中国版本图书馆 CIP 数据核字（2020）第 170777 号

出 版 人　苏长永

地　　址　北京市东城区嵩祝院北巷 39 号　邮编　100009　电话　（010）64027926

网　　址　www.cnmip.com.cn　电子信箱　yjcbs@cnmip.com.cn

责任编辑　夏小雪　美术编辑　吕欣童　版式设计　禹　蕊

责任校对　郑　娟　责任印制　李玉山

ISBN 978-7-5024-8488-0

冶金工业出版社出版发行；各地新华书店经销；三河市双峰印刷装订有限公司印刷

2020 年 9 月第 1 版，2020 年 9 月第 1 次印刷

169mm×239mm；7.25 印张；117 千字；105 页

**50.00** 元

冶金工业出版社　投稿电话　（010）64027932　投稿信箱　tougao@cnmip.com.cn

冶金工业出版社营销中心　电话　（010）64044283　传真　（010）64027893

冶金工业出版社天猫旗舰店　yjgycbs.tmall.com

（本书如有印装质量问题，本社营销中心负责退换）

# 前　言

　　岩土工程是各项工程建设中的重要部分，岩石作为边坡、围岩的介质，建筑物的基础，其力学特征及稳定性直接影响结构和建筑物的安全。工程实践与研究表明，在许多情况下岩土工程的破坏与失稳不是在开挖完成，或工程完工后立即发生，而是随着时间的推移，岩体的变形与应力不断调整、变化与发展，变形趋于稳定往往需要延续较长的时间。地下工程中，岩体有蠕变特性和应力松弛特性。但在很多的工程实践中，岩体变形既不是纯蠕变，也不是纯应力松弛，而是随着时间的增加，应力和应变同时发生变化，表现出时间依存性变形，导致岩体最终破坏，这种现象用一般的蠕变和应力松弛很难解释清楚，它是岩石力学研究工作者面临的一个挑战性难题。因此，本书提出广义流变理论来研究岩体的时空演化规律，揭示岩体渐进破坏诱发机理、时效特性、流变特征，构建时间相关的本构方程，预测工程寿命。

　　广义流变理论对工程的安全设计具有十分重要的意义及现实指导价值。其主要内容如下：

　　第1章：岩石广义流变概述。了解岩石流变范畴、岩石广义流变研究现状和工程特性。

　　第2章：岩石广义流变原理。掌握广义流变方向系数，广义流变模型，广义流变力学机制，广义流变等时线，广义流变柔量和模量，广义流变破坏模式。

　　第3章：岩石广义流变试验系统。通过变阻器硬件技术，把应力和应变的线性组合信号作为控制变量反馈给伺服阀实现应力归还法控制。基于伺服控制试验原理，自主研发应力归还法控制的伺服试验系统，为研究岩石广义流变时效特性提供了一种新的试验手段和试验基础。

第 4 章：岩石广义流变试验。开展Ⅰ类和Ⅱ类岩石广义流变试验，根据广义流变理论，获得不同荷载条件、不同种类岩石的广义流变规律，揭示广义流变力学机制，得到岩石的时间效应。

第 5 章：岩石可变模量本构方程。基于 Maxwell 模型，构建考虑时间效应的可变模量本构方程，求解不同荷载条件下方程的解，获得强度的荷载速率模型，分析本构方程中参数功能和获取方法。

第 6 章：岩石广义流变数值模拟。求解广义流变数值计算参数，用构建的可变模量本构方程对广义流变试验结果进行数值计算，对比分析Ⅰ类和Ⅱ类岩石的时间依存性，预测工程寿命。

第 7 章：岩石广义流变工程应用。根据广义流变理论，结合岩体工程流变特征和渐进破坏过程，探寻复杂荷载条件下广义流变工程物理意义。

本专著的撰写得到了以下基金的资助：

（1）重庆市基础研究与前沿探索专项（重庆市自然科学基金）。

　　　项目名称：岩石荷载速率依存性及围压影响效应研究

　　　项目编号：cstc2018jcyjAX0634

　　　项目时间：2018.08-2021.07

（2）重庆市教委科学技术项目。

　　　项目名称：深部隧洞岩爆孕育规律及时空演化特征研究

　　　项目编号：KJQN201801307

　　　项目时间：2018.10-2021.10

由于作者水平有限，书中难免存在不足和疏漏之处，恳请各位专家和读者批评指正，以便使本书更加完善。

作　者

2020 年 2 月 28 日

# 目　　录

# 1 岩石广义流变概述

## 1.1 岩石流变范畴

岩体是构成地壳的物质基础，人类主要在岩石圈上繁衍生息。矿产资源的开发、能源的开发、交通运输工程的建设、城市建设、地下空间的开发，无不涉及岩体的开挖。随着人类对自然环境要求的增高，工程的规模越来越大，其涉及的岩石力学问题越来越复杂，研究岩石的地质特征、物理性质、水理性质、力学性质等已经成为解决工程问题的重要途径。岩土工程是各项工程建设中的重要部分，地质灾害、污染及其治理等岩土问题是对生态与环境有着长远影响的重大战略问题。我国岩土工程尽管取得很大的发展和进步，但在经济合理的设计与施工方面、在工程安全保障方面、在可持续发展等方面还存在许多重大的科技问题[1~5]。岩石作为边坡、围岩的介质，建筑物的基础，其力学特征及稳定性直接影响结构和建筑物的安全。流变是岩石材料的重要力学特征，许多岩土工程与岩石的流变特性有关，越来越多的水利、交通、能源和国防工程在岩石地区相继展开，其设计、施工、运营、稳定性和加固等都直接依赖于节理岩体的强度、变形及破坏等特征，而且这些特性都与时间相关，为确保岩体工程在长期运营过程中的安全与稳定，就需要对岩石流变力学特性进一步深入研究[6]。

岩石流变力学特性试验研究最早可以追溯到 20 世纪 30 年代末期，随着新奥法的广泛应用，以及诸如瓦依昂水坝库岸的蠕滑破坏造成的惨重损伤等，岩石流变力学特性的研究备受岩石力学研究工作者的重视。1966 年国际岩石力学会议上，就有学者提出了适合岩石的流变模型，并指出岩石蠕变在边坡稳定中起的重要作用；1979 年第四次国际岩石力学会议，岩石的流变问题被作为会议主题进行了讨论，M. Langer[7]教授对岩石流变问题的基本概念、岩石流变力学的研究方法、岩体流变特性规律以及岩石工程中的流变问题进行了全面概述，同时阐述了岩石流变特性的研究状况及其重大意义。

岩石流变特性主要有岩石荷载速率依存性、岩石蠕变、岩石应力松弛、岩石弹性后效、岩石黏性流动、岩石广义流变等。

### 1.1.1　岩石荷载速率依存性

岩石荷载速率依存性是岩石重要的时间效应之一，岩石强度随着荷载速率的增加而增大，表现出明显的荷载速率依存特性。国内外学者针对岩石荷载速率依存性做了较多的试验研究，L. Ma 等人[8]对溶灰岩开展了不同应变速率条件下的压缩试验，得出破坏强度和应变速率的关系；J. H. Yang 等人[9]开展了不同位移速率下的砂岩单轴压缩试验、剪切试验和巴西劈裂试验，分析了位移速率对砂岩强度、弹性模量、黏聚力、内摩擦角和破裂模式等物理力学性质的影响。Z. P. Bazant 等人[10]通过尺寸效应的方法，以裂纹开口位移速率作为反馈信号，对石灰石在荷载速率下的断裂物理参数进行了研究，认为随着速率的减小强度减小，破裂过程区域长度和失效脆性在实际中不受荷载速率的影响。H. S. Jeong 等人[11]在非大气环境中对熊本安山岩进行了不同应变速率的试验，随着时间的增加，水、有机蒸汽、甲醇、乙醇和丙酮等对强度都有重要影响。S. Khamrat 等人[12]对花岗岩、大理岩和泥岩进行了风干和饱水状态下的试验，研究了不同应力速率、围压对岩石强度的影响。R. D. Perkins 等人[13]对 Porphyritic Tonalite 岩石进行了 $10^{-4} \sim 10^{-3}/s$ 应变速率下的单轴压缩荷载试验，结果显示应变速率从 $3 \times 10^{-4}/s$ 增加到 $6 \times 10^{-1}/s$ 时，单轴抗压强度和杨氏模量均增加 15%左右，当应变速率超过 $10^{-1}/s$ 时，单轴抗压强度和杨氏模量急剧增大。K. Hashiba[14]通过总结其他学者的研究数据和自己的试验数据，深入研究了不同荷载速率条件下岩石强度与岩石蠕变寿命之间的关系以及尺寸效应对岩石强度的影响，提出了交替变换荷载速率试验，并用该试验方法研究了三城目安山岩、田下凝灰岩等在单轴压缩条件下岩石峰值处的荷载速率依存性[15]。M. Lei 等人[16~18]对田下凝灰岩、三城目安山岩进行了单轴拉伸、单轴压缩、劈裂条件下的交替荷载速率试验，验证了交替荷载速率试验方法可以用来研究不同类型的岩石的荷载速率依存性。S. Okubo 等人[19]对以往的研究成果进行了汇总分析，包括采用不同试验方法时无围压下的压缩强度、间接拉伸强度、剪切强度及围压下的压缩强度的荷载速率依存性；对 11 种岩石进行了荷载速率依存性试验研究，探究了湿度、尺寸、预制裂缝对岩石荷载速率依存性的影响，对比分析了直接拉伸和单轴压缩条件下荷载速率依存性的差异；对煤岩进行了单轴压缩荷载和直接拉伸荷载作用下的试验研究，成功得到全应力-应变曲线，并对其峰值强度的荷载速率依存性进行了分析[19~21]。

　　国内研究方面，吴绵拔[22]研究了加载速率对花岗岩的抗压和抗拉强度的影响，得出了花岗岩的破坏强度随加载速率的提高而明显增加，同时抗压和抗拉强度比值随加载速率的提高而略有增加的结论。金丰年[23]对田下凝灰岩等多种岩石进行了不同恒定速率的单轴压缩、直接拉伸及巴西劈裂试验，分析了岩石的强度和杨氏模量的荷载速率依存性。李永盛[24]对红砂岩进行了 9 级不同应变加载速率下的单轴压缩试验，定量分析了应变速率对红砂岩单轴抗压强度、与峰值强度对应的应变、破坏后的变形模量，以及破裂形式等物理力学性态的影响。为分析应变速率对大理岩峰值强度、弹性模量、弱化模量、峰值应变、泊松比、积聚能、释放能以及破裂形式等力学性质的影响，对细晶大理岩试样进行了 6 级应变速率下的单轴压缩试验[25,26]。周辉等人[27]对脆性大理岩进行了巴西劈裂试验，并对断裂端口进行了电镜扫描，从宏观和微细观方面分析了不同加载速率条件下硬脆性岩石的断口形貌。刘俊新等人[28]开展了不同应变速率下泥页岩力学特性试验研究，探讨了应变速率对页岩的弹性模量、峰值强度、破裂形态的影响。国内外单纯的以恒定应变速率或恒定应力速率控制研究荷载速率依存性的成果较多，而基于应力归还法控制的荷载速率依存性的研究还非常少。而荷载速率依存性和时间依存性行为密切相关，是预测和估计地下建筑物的长期特性和稳定性的重要参数。

## 1.1.2　岩石蠕变特性

　　D. Griggs[29]对灰岩、页岩和粉砂岩等类软弱岩石进行了蠕变试验，指出砂岩和粉砂岩等中等强度岩石，仅当加载达到破坏荷载的 12.5%~80% 时，就会发生一定程度的蠕变。日本学者 H. Ito[30]对花岗岩试件进行了历时 30 年的弯曲蠕变试验，研究表明，花岗岩同样呈黏滞流动，但未观测到屈服应力。大量室内试验和现场量测已充分表明，对于软弱岩石以及含有泥质充填物和夹层破碎带的岩体，其流变特性是非常显著的[31]。H. Zheng[32]对作为储层材料的孔隙砂岩用电镜扫描和压汞法测试了其基本物理力学性质，并进行了压缩条件下的强度试验和不同应力水平下的蠕变试验，用不同应力机制研究了蠕变变形的时间效应。M. Gasc-Barbier 提出了基于 Burgers 模型和体积黏性单元的模型来模拟孔隙砂岩的蠕变特性和时间依存性[33]。G. J. Wang 等人[34]试验了盐岩的蠕变-损伤-断裂特征，通过准静态加载进行了压缩破坏蠕变-损伤试验，得到了完整的蠕变-损伤曲线，推断了盐岩在初始、稳态和加速三个阶段变形、损伤的演化规律，利用膨胀边界理论分析了盐岩长期膨胀特征并估算了盐岩的长期强度[35,36]。S. Okubo[37]利用自主研发的蠕变试验机对安山岩、凝灰岩、大理岩、砂岩和花岗岩五种岩石进行了蠕变试验，得到了三个阶段完整的蠕变曲线，得到第三阶段的蠕变应变速率和残余寿命成反比例关系，并用本构方程对三阶段完整的蠕变曲线成功进行了数值计算，对研究岩石的长期稳定性和估计工程的寿命具有非常重要的意义。S. Okubo[38]在30%应力水平下，对饱水的田下凝灰岩执行了长达15年的蠕变试验，得到蠕变应变和时间的0.1次方成正比例关系，蠕变应变率和时间的0.9次方成反比例关系，其对预测地下建筑物的寿命等具有重要指导意义。梁卫国[39]对盐类矿床中常见的钙芒硝盐岩夹层及氯化钠盐岩，分别进行了多达100天的不同载荷作用下的蠕变试验，获得了不同载荷作用下氯化钠盐岩及钙芒硝盐岩的蠕变特征参数，并建立了盐岩蠕变本构方程，对层状盐岩矿床中所建油气储库的变形及稳定性进行了深入分析，并建立了盐岩瞬态蠕变和稳态蠕变的耦合本构方程[40,41]。张治亮等人[42]基于岩石常规压缩蠕变试验成果，研究了向家坝水电站坝基挤压破碎带砂岩蠕变力学特性，分析了岩石轴向和侧向蠕变规律，得出低应力水平下岩石仅发生衰减蠕变和稳态蠕变，而且稳态蠕变阶段的应变速率为非零常数，蠕变量不可忽视，岩石变形满足 Burgers 蠕变模型[43,44]。潘鹏志[45]在经典弹黏塑性理论基础上，提出黏塑性流动系数张量表达式，建立了岩石各向异性弹黏塑性蠕变模型，并将该模型嵌入到三维弹塑性细胞自动机模型中，开发岩石蠕变过程分析的三维弹黏塑性细胞自动机模拟系统。范秋雁[46]进行了一系列单轴压缩无侧限蠕变试验和有侧限蠕变试验，分析泥岩的蠕变特性，配合扫描电镜，着重分析泥岩蠕变过程中习惯和微观结构的变化并提出岩石的蠕变机制——岩石的蠕变是岩石损伤效应与硬化效应共同作用的结果[47]。邹建超[48]基于红砂岩单轴分级加载蠕变试验，结合对试验数据的整理和分析，研究了红砂岩蠕变特性，探讨了岩石分级加载过程中的硬化-损伤机制，得到在低应力水平阶段，瞬时变形模量逐级增大，红砂岩出现硬化现象；中等应力水平阶段，硬化效应增强的同时损伤也在发展，硬化和损伤互相竞争；高应力水平阶段，黏滞系数减小，导致损伤扩散率增大，岩石的力学性质以损伤软化为主。

### 1.1.3　岩石应力松弛特性

　　由于试验设备很难保持应变恒定，国内外关于应力松弛的研究相对较少，发表的文章也不多。M. Haupt[49]进行了盐岩的单轴松弛试验，采用弹性 Hooke 体和黏性应变速率项组成的本构方程对松弛试验进行了数值计算，并与传统的盐岩的本构方程进行了对比分析，通过原子过程理论和流变模型从蠕变特性的角度推导了应力松弛的时间特性。J. C. Savage[50]认为脆性蠕变断裂带（BCFZ）是引起震后松弛的主要原因，并认为脆性蠕变断裂带（BCFZ）流变和普通瞬时蠕变相互兼容，引入了时间函数用来监控震后松弛和余震的发生，并研究了其震后松弛的时间依存性。张泷[51]基于 Rice 不可逆内变量热力学理论对岩石蠕变和松弛本质上的一致性问题进行了研究，采用给定余能密度函数和内变量演化方程建立基本热力学方程，通过不同约束条件构建黏弹-黏塑性蠕变和应力松弛本构方程，解释了蠕变和松弛是岩石材料在不同约束下的外在表现，但两者具有相同的非平衡演化规律，本质上具有一致性，蠕变和应力松弛本构方程基于相同的基本热力学方程，可以相互转化，因此可以通过蠕变方程和蠕变试验结果对材料的松弛特性进行分析[52~54]。熊良宵等人[55]利用岩石双轴流变试验机对锦屏二级水电站辅助洞的绿片岩进行了不同应力水平下的单轴和双轴压缩应力松弛试验，结果表明，当进行单轴压缩应力松弛试验时，轴向应力呈阶梯式下降特征；双轴压缩状态下，当进行轴向应力松弛试验时，轴向应力松弛曲线呈阶梯式下降特征，侧向应变呈阶梯式上升特征；当进行侧向应力松弛时，侧向应力松弛曲线呈阶梯式下降特征，轴向应变呈阶梯式上升特征，并提出了经验拟合方程[56]。

于怀昌等人[57]在相同围压下，对饱和粉砂泥岩分别进行了常规压缩试验、蠕变试验以及应力松弛试验，从岩石破裂机制方面解释了岩石强度以及变形差异产生的原因[58]。田洪铭等人[59,60]采用 TLW-2000 压缩流变仪对宜昌至巴东高速公路泥质砂岩进行了围压为 30MPa 的应力松弛试验，并将损伤因子引入到西原模型中建立非线性松弛损伤模型，并对泥质粉砂岩开展了高围压下高荷载条件下压缩松弛试验研究。高围压下应力松弛曲线的分析表明，岩石的应力松弛可以分为衰减松弛和稳定松弛两个阶段。当松弛初始应力水平较低时，试样主要以衰减松弛为主，很快趋于稳定；当松弛初始应力水平接近岩石峰值应力时，应力松弛明显增大，并出现明显的稳定松弛阶段。不同围压条件下，试样松弛曲线对比分析表明，松弛初始应力水平较低时，岩石处于黏弹性阶段，围压对岩石松弛特性的影响相对较小；随着松弛初始应力水平的增大，当应力水平接近峰值应力时，岩石的应力松弛将随围压的增大而减小，并基于压缩松弛试验结果的分析，建立了能够反映泥质粉砂岩压缩松弛特性的西原模型，验证了模型的合理性。伍向阳[61]论述了岩石应力松弛的基本特征，分析了应力松弛的基本理论，特别就岩石应力松弛中的应变硬化和软化现象以及应力松弛的机制进行了详细的阐述。

### 1.1.4　蠕变-应力松弛耦合特性

在土体中蠕变-松弛耦合主要有两方面原因，一是土体呈现显著的非线性应力-应变-时间特性，用线性理论无法描述；二是蠕变和应力松弛过程中不完全独立，是互相耦合的过程。刘雄[62]认为蠕变和应力松弛是材料长期力学性质的两种理想化的力学概念，实质上为同一物理力学机制控制。土坡的失稳过程就包括蠕变和应力松弛，是一个综合发展的渐进过程，部分土体在变形受到约束时发生应力松弛，一部分荷载将转移到附近的区域引起蠕变，而蠕变的发展又将进一步引起土体内部的应力松弛。李军世[63]应用 Mesri 应力-应变-时间关系函数描述了黏土的蠕变-应力松弛耦合效应，并将数值计算结果与土样的蠕变-应力松弛耦合结果进行了比较，对一些影响耦合效应的相关因素进行了讨论。袁静[64]着重论述了黏土的蠕变和松弛耦合试验方法，提出了一个真实反应耦合试验时流变变形和时间的关系。熊军民[65]对用常规应变控制的压缩仪耦合试验和应力控制的压缩仪蠕变试验所确定的长期强度进行了比较，验证了耦合试验的适用性以及"单级加载"和"逐级加载"耦合试验结果的一致性，提出了一种省样省时的"常规剪切与单级耦合试验相结合的新方法"，介绍了耦合试验中流变参数的确定思路和计算方法，展现了耦合试验在研究和实用中的价值。在岩石方面，陈沅江[66]研制了用于软岩流变的蠕变-松弛耦合试验仪，探讨了利用单机加载和逐级加载两种方式确定软岩流变参数和长期强度的蠕变-松弛试验原理[67]。

### 1.1.5　岩石弹性后效特性

岩石弹性后效通常指岩石加（卸）载后，经过一段时间应变才增加（或减少）到应有数值的现象。高峰等人[68]研究了温度作用下岩石的本构行为，对于深部资源开采、核废料地下处置、地热资源开发以及地下军事防护设施建设等岩石工程问题具有重要意义。其以西原体模型为基础，引入线膨胀系数、黏性衰减系数和损伤变量，综合考虑温度对岩石弹性变形、黏性流动以及结构损伤的共同影响，建立岩石热黏弹塑性本构模型，推导考虑温度效应的岩石蠕变方程和卸载方程。研究结果表明，在应力低于屈服极限的情况下，模型初始变形较快，然后趋于稳定蠕变，卸载曲线存在瞬时弹性变形、弹性后效和由温度引起的黏性流动；在应力高于屈服极限的情况下，变形逐渐转化为不稳定蠕变，卸载曲线存在瞬时弹性变形、弹性后效和由温度和应力共同引起的黏性流动。该模型较全面地反映了岩石在温度作用下的黏弹塑性和损伤性质，适用于温度和载荷作用下岩石流变与稳定性分析。

蒋昱州等人[69]采用岩石全自动伺服三轴流变试验设备对三峡库区典型砂岩试样开展分级加、卸载荷的蠕变与弹性后效试验，得到了岩样在不同应力水平条件下时效的变形曲线。试验结果表明，岩样的时效变形特征明显，随着应力水平的逐渐增大，试样的蠕变、弹性后效、不可逆变形的量值及其平均速率均呈现出逐步增大的变化趋势；其中蠕变与不可逆变形量的变化规律性具有较好的一致性，弹性后效恢复的变形平均速率的变化幅度越来越小，逐渐趋向于某一定值；岩样在加载至最后一级应力水平下出现了非线性加速蠕变现象，试验全过程曲线反映了蠕变变形典型的三阶段特征。推导了三维应力状态下的 Burgers 模型的蠕变与弹性后效本构方程，基于流变试验得到的数据利用优化搜索后的算法对相应参数进行辨识，分别得到岩样在蠕变与弹性后效阶段的相应三维参数；分析时效参数得出了黏性参数 $\eta_m$ 随应力水平的增加呈非线性劣化的规律，表现出较为明显的非定常性规律特征；当试样处于蠕变阶段时，黏性参数反映的是岩石稳态蠕变变形特征，而在试样处于弹性后效阶段时，黏性参数可描述岩样卸除荷载后不可逆变形的变化规律。

混凝土流变在工程中有非常重要的意义，目前广泛应用的弹性流变理论主要以迭加原理为基础，选择不同函数作为积分方程的核，但该核对材料的弹性后效影响很大。赵祖武[70]对于用积分表示可复变形的方式进行研究，并提出了一个核的形式，能较好地表达混凝土材料流变及弹性后效性能。

### 1.1.6 岩石广义流变特性

K. Fukui 等人[71]把应力和应变随时间同时变化的这种流变现象称为广义流变，并对三城目安山岩、河津凝灰岩在不同方向系数下进行了广义应力松弛试验，S. Okubo 等人[72]、M. Sanada 等人[73]用硬页岩等进行了广义流变试验。广义流变试验需要能够长期准确控制应力和变形的试验机，目前国内外的相关研究成果很少。国外只有 S. Okubo 等人[74]用非线性黏弹性模型成功模拟了三城目安山岩的广义流变。高秀君等人[75~77]用非线性 Maxwell 模型模拟了河津凝灰岩单轴压缩全应力-应变曲线，研究了峰值强度的荷载速率依存性，但是没有对河津凝灰岩的广义流变进行数值计算。

## 1.2　岩石广义流变理论

在岩石流变方面，蠕变特性国内外的研究成果非常多，而应力松弛由于缺少能够长时间保持应变稳定的试验设备，国内外研究成果相对较少。蠕变-松弛耦合方面，由于土体呈现显著的非线性应力-应变-时间特性，用线性理论无法描述，且蠕变和松弛不完全独立，是互相耦合的过程，所以对土体的蠕变和耦合仅有少量研究，岩石方面只对软岩的蠕变-松弛耦合进行了简单的研究。广义流变方面，由于缺少应力和应变同时变化的流变设备，故研究成果很少，国外只有东京大学 K. Fukui 教授[71]进行了河津凝灰岩、三城目安山岩在不同方向系数下的广义流变试验，国内很少有人研究广义流变，单轴拉伸荷载条件下的广义流变特性的研究更是空白。

综上所述，在很多的地下工程实践中，岩体既不是纯蠕变，也不是纯应力松弛，而是随着时间的增加，应力和应变同时发生变化，表现出时间依存性，导致岩体最终破坏，这种现象用一般的蠕变和应力松弛很难解释清楚。隧道围岩、井下巷道、地下岩爆、山体滑坡、土工结构、路基大坝等在变形及渐进破坏过程中其力学特性符合广义流变规律。故本书把随着时间的增加，应力和应变同时变化的规律以及渐进破坏过程中的力学变化特性称为广义流变。

# 2 岩石广义流变原理

岩石广义流变原理主要有濒岩石广义流变方向系数、岩石广义流变模型、岩石广义流变力学机制、岩石广义流变等时线、岩石广义流变柔量和模量、岩石广义流变破坏模式。

## 2.1 岩石广义流变方向系数

岩石广义流变是指随着时间的增加，岩石应力和应变同时发生变化的特性。岩石广义流变既不是纯蠕变也不是纯应力松弛，蠕变和松弛只是广义流变现象的两种特殊表现形式[71]。岩石广义流变定义来自于应力归还法，其表达式如下：

$$\varepsilon - \alpha\sigma/E = Ct = f(t) \tag{2.1}$$

式中　$\varepsilon$——应变；

　　　$\sigma$——应力；

　$f(t)$——时间的函数；

　　　$C$——加载速率；

　　　$t$——时间；

　　　$E$——岩石弹性模量；

　　　$\alpha$——应力归还量，亦称为岩石广义流变方向系数，具体如下：

$$\alpha = (\varepsilon - Ct)E/\sigma = [\varepsilon - f(t)]E/\sigma \tag{2.2}$$

岩石广义流变方向系数控制广义流变方向，不同的方向系数下，应力和应变变化规律不相同。

## 2.2 岩石广义流变模型

岩石广义流变曲线模型如图 2.1 所示，$A$ 点为广义流变的启动点，或称为广义流变应力水平，从原点 $O$ 开始，以恒定速率 $c$ 加载到 $A$ 点后，预设方向系数 $\alpha$ 值，则执行广义流变。广义流变方向系数与应力应变变化规律如下：

当 $\alpha = 1$ 时为全应力应变曲线方向；

当 $\alpha > 1$ 时为 $AC$ 方向，随时间增加，应力和应变同时增大；

当 $\alpha = \pm \infty$ 时为蠕变方向，应力保持不变，应变随时间增加而增大；

当 $\alpha < 0$ 时为 $AB$ 方向，随时间增加，应变增大，应力减小；

当 $\alpha = 0$ 时为应力松弛方向，应变保持不变，应力随时间增加而减小；

当 $0 < \alpha < 1$ 时为 $AD$ 方向，随时间增加，应变减小，应力也减小。

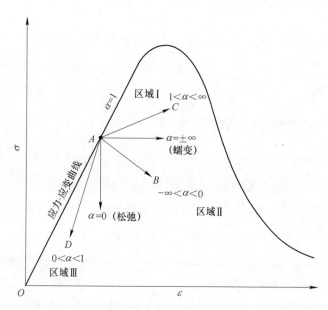

图 2.1　岩石广义流变曲线模型

## 2.3　岩石广义流变力学机制

对式（2.1）进行无量纲处理（$\sigma$ 除以峰值强度 $\sigma_p$，$\varepsilon$ 和 $f(t)$ 除以 $\sigma_p/E$），得到式（2.3）：

$$\varepsilon^* = f^*(t) + \alpha\sigma^* \tag{2.3}$$

当式（2.3）中 $f^*(t) = A$（常数）时，称为广义流变，其表达式为式（2.4）和式（2.5）。

$$\varepsilon^* = A + \alpha\sigma^* \tag{2.4}$$

$$\Delta\varepsilon^* = \alpha \cdot \Delta\sigma^* \tag{2.5}$$

式（2.5）为式（2.4）的增量形式，图 2.2 所示为广义流变的增量模型。

（1）区域 I（第一象限）。该区域应力随应变增大而增大，岩柱 A（未破坏）和岩柱 A、B（破坏后）并联，两端总应力保持恒定，故有下式：

$$\sigma_{\text{总}} = \sigma_A + \sigma_B \tag{2.6}$$

$$\varepsilon_{\text{总}} = \varepsilon_A = \varepsilon_B \tag{2.7}$$

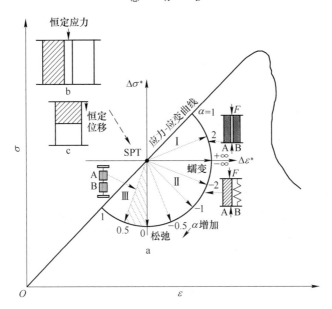

图 2.2　广义流变力学特性图

（SPT：启动点）

a—广义流变增量模型；b—并联模型；c—串联模型

随着时间的增加，岩柱 A、B 逐渐失去承载能力，则岩柱 A 受力增加，广义流变模拟了岩柱 A 的变化，即随着时间的增加，岩柱 A 应变增大，应力也增大。

（2）区域Ⅱ（第四象限）。该区域应力随应变增大而降低，岩柱 A（破坏或未破坏）和刚性支护 B 并联，两端总应力保持恒定，其表达式和式（2.6）、式（2.7）相同，当刚性支护 B 弹性力增大时，岩柱 A 受力减小，广义流变模拟了岩柱 A 的变化，即随着时间的增加，岩柱 A 应变增大，应力减小。

（3）区域Ⅲ（第三象限）。该区域应力随应变减小而降低，岩柱 A（未破坏）和岩柱 B（破坏后）串联，两端的位移固定，表达式如下：

$$\sigma_{\text{总}} = \sigma_A = \sigma_B \tag{2.8}$$

$$\varepsilon_{\text{总}} = \varepsilon_A + \varepsilon_B \tag{2.9}$$

岩柱 A 位移减小量等于岩柱 B 的位移增加量，岩柱 A 应力变化与岩柱 B 相同，广义流变模拟了岩柱 A 的变化，即随着时间的增加，岩柱 A 应变减小，应力也减小，如图 2.2a 所示。

　　图 2.2b 所示为两个岩石试件并联，且两个并联试件受到恒定应力，当两个试件具有相同的时间依存性时，两个试件被看作一个整体，随着时间的增加，应力恒定，应变整体增加，即蠕变。当两个试件具有不同的时间依存性时，随着时间的增加，具有较高时间依存性的试件应变增大，应力减小，力学性质体现在图 2.2a-区域Ⅱ；具有较低时间依存性的试件应变增大，应力也增大，力学特性体现在图 2.2a 中区域Ⅰ。

　　图 2.2c 所示为两个岩石试件串联，且两个串联试件受到恒定的位移约束，当两个试件具有相同的时间依存性时，两个试件被看成一个整体，随着时间的增加，应变恒定，应力减小，即应力松弛。当两个试件具有不同的时间依存性时，随着时间的增加，具有较高时间依存性的试件应变增大，应力减小，力学特性体现在图 2.2a 中区域Ⅱ，具有较低时间依存性试件应变减小，应力也减小，力学特性体现在图 2.2a 中区域Ⅲ。

　　综上所述，蠕变发生在区域Ⅰ和区域Ⅱ的分界线上，应力松弛发生在区域Ⅱ和区域Ⅲ的分界线上，故蠕变和应力松弛是广义流变的两种特殊形式，广义流变描述了工程中应力和应变同时变化的特性。

## 2.4　岩石广义流变等时线

　　岩石广义流变等时线是指在启动点 $A$ 处执行预设方向系数 $\alpha$ 条件下的广义流变，把同一时刻不同方向系数下广义流变数据点连成直线，该直线有两种处理方式：

　　（1）等时曲线。$t$ 时刻的应力应变数据集合如下：

$$G_0 = \{(0, 0), (\varepsilon_1, \sigma_1), (\varepsilon_2, \sigma_2), \cdots, (\varepsilon_m, \sigma_m)\}$$

$$G_1 = \{(0, 0), (\varepsilon_1, \sigma_1), (\varepsilon_2, \sigma_2), \cdots, (\varepsilon_m, \sigma_m)\}$$

$$G_2 = \{(0, 0), (\varepsilon_1, \sigma_1), (\varepsilon_2, \sigma_2), \cdots, (\varepsilon_m, \sigma_m)\} \qquad (2.10)$$

$$\vdots$$

$$G_t = \{(0, 0), (\varepsilon_1, \sigma_1), (\varepsilon_2, \sigma_2), \cdots, (\varepsilon_m, \sigma_m)\}$$

式中　$t$——时间；

　　　$m$——$\alpha$ 个数；

　$(0, 0)$——原点；

$(\varepsilon_i, \sigma_i)$——$\alpha = i$ 条件下的应力应变广义流变数据点，其中 $i \in \{\alpha\}$。

采用最小二乘法、Quasi-Newton 优化算法搜索最小二乘法、粒子群优化算法搜索的最小二乘法、混沌直接搜索粒子群优化算法等对 $G_t$ 数据集进行拟合，得到等时线曲线族 $C_{\text{isotime}-t}$ ，如图 2.3 所示。

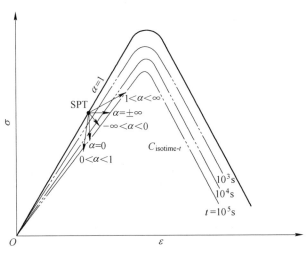

图 2.3 广义流变等时曲线

（SPT：启动点）

（2）等时直线。$t$ 时刻的应力应变数据集合如下：

$$G_0 = \{(\varepsilon_1, \sigma_1), (\varepsilon_2, \sigma_2), \cdots, (\varepsilon_m, \sigma_m)\}$$

$$G_1 = \{(\varepsilon_1, \sigma_1), (\varepsilon_2, \sigma_2), \cdots, (\varepsilon_m, \sigma_m)\}$$

$$G_2 = \{(\varepsilon_1, \sigma_1), (\varepsilon_2, \sigma_2), \cdots, (\varepsilon_m, \sigma_m)\} \quad (2.11)$$

$$\vdots$$

$$G_t = \{(\varepsilon_1, \sigma_1), (\varepsilon_2, \sigma_2), \cdots, (\varepsilon_m, \sigma_m)\}$$

其中，$G_t$ 数据集合中不包含原点数据 $(0, 0)$。采用最小二乘法、Quasi-Newton 优化算法搜索最小二乘法、粒子群优化算法搜索的最小二乘法、混沌直接搜索粒子群优化算法等对 $G_t$ 数据集进行直线拟合，得到等时线直线族 $L_{\text{isotime}-t}$ ，如图 2.4 所示，图中 $\varepsilon_{\text{h}-t}$ 和 $\sigma_{\text{v}-t}$ 分别表示在 $t$ 时刻等时直线和横轴、纵轴的交点，其中 $\varepsilon_{\text{h}-t}$ 和 $\sigma_{\text{v}-t}$ 的乘积为岩石破坏耗散能，具体如下：

$$U(t) = \varepsilon_{\text{h}-t} \cdot \sigma_{\text{v}-t} \quad (2.12)$$

理论上，广义流变等时直线和峰前应力-应变曲线平行，可通过该原理来计算广义流变模量和柔量（包含蠕变柔量和松弛模量），同时也可通过获得的岩石能量耗散能进行岩石强度与破坏准则的研究；另外，广义流变等时曲线可认为是

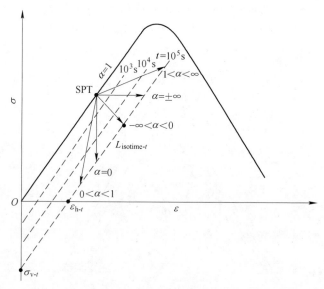

图 2.4　广义流变等时直线

（SPT：启动点）

全应力-应变曲线向内的收缩线，从而可以通过广义流变时间来预测实际工程的寿命。

## 2.5　岩石广义流变柔量和模量

（1）蠕变柔量。对线弹性材料而言，应变和应力的比值叫做柔量，在蠕变中，蠕变应力保持恒定，蠕变应变随时间增加而增大，从而蠕变柔量计算公式如下：

$$C_{crp}(t) = \varepsilon(t)/\sigma_{crp} \qquad (2.13)$$

式中　　$t$——时间；

　　$\varepsilon(t)$——蠕变应变；

　　$\sigma_{crp}$——蠕变应力水平。

蠕变柔量随着时间的增加而增大，蠕变柔量随着蠕变应力水平的增大而减小。

（2）松弛模量。与蠕变柔量相对应，对线弹性材料而言，应力和应变的比值叫做模量，松弛应变保持恒定，松弛应力随时间的增加而减小，从而松弛模量计算公式如下。

$$E_{rel}(t) = \sigma(t)/\varepsilon_{relax} \qquad (2.14)$$

式中　　$t$——时间；

　　$\sigma(t)$——松弛应力；

$\varepsilon_{\text{relax}}$ ——松弛应变水平。

松弛模量随着时间的增加而减小，松弛模量随着松弛应变水平的增大而减小。

（3）广义流变柔量和模量。不同方向系数条件下广义流变柔量和模量的模型如图 2.5 所示，其计算公式如下。

广义流变柔量 $G_{\text{comp}}(t)$：

$$G_{\text{comp}}(t) = \varepsilon(t)/\sigma_{\text{c}} \tag{2.15}$$

广义流变模量 $G_{\text{modu}}(t)$：

$$G_{\text{modu}}(t) = \sigma(t)/\varepsilon_{\text{r}} \tag{2.16}$$

式中　$\varepsilon(t)$ ——广义流变时间 $t=0$ 和 $t=t_i$ 时刻等时线应变的差值；

　　　$\sigma(t)$ ——广义流变时间 $t=0$ 和 $t=t_i$ 时刻等时线应力的差值；

　　　$\varepsilon_{\text{r}}$ ——松弛应变水平；

　　　$\sigma_{\text{c}}$ ——蠕变应力水平。

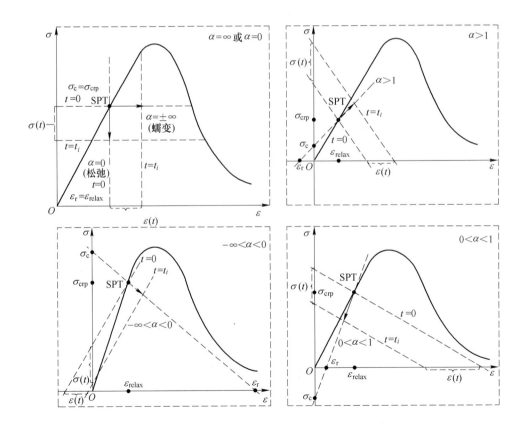

图 2.5　广义流变柔量和模量

（SPT：启动点）

在方向系数 $\alpha$ 下广义流变曲线延长线与横轴相交于 $\varepsilon_{\mathrm{r}}$ 点，与纵轴相交于 $\sigma_{\mathrm{c}}$ 点。在应力松弛（$\alpha = 0$）条件下 $\varepsilon_{\mathrm{r}} = \varepsilon_{\mathrm{relax}}$；在蠕变（$\alpha = \pm\infty$）条件下，$\sigma_{\mathrm{c}} = \sigma_{\mathrm{crp}}$。

## 2.6　岩石广义流变破坏模式

广义流变属于流变力学范畴，Wawersik[78]把岩石分为Ⅰ类岩石和Ⅱ类岩石，如图 2.6 所示。Ⅰ类岩石是指在应力达到破坏强度时，峰后应力缓慢下降，表现出应变软化，峰后曲线斜率总是负的岩石；Ⅱ类岩石是指应力达到破坏强度后突然破坏，应力急剧下降，峰后曲线斜率会出现为正的岩石。

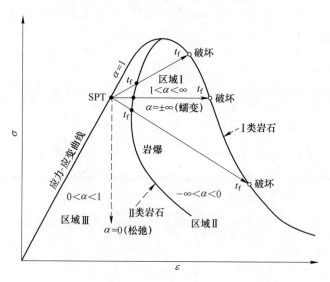

图 2.6　Ⅰ类和Ⅱ类岩石广义流变破坏模式

（SPT：启动点）

（1）Ⅰ类岩石破坏模式。在Ⅰ类岩石全应力-应变曲线图中，广义流变曲线只有在区域Ⅰ和区域Ⅱ时将会发生破坏，即只有 $1 < \alpha < \infty$，$\alpha = \pm\infty$，$-\infty < \alpha < 0$ 时，广义流变曲线随着时间的增加，会和全应力-应变曲线相交，终将发生破坏；在区域Ⅰ，$\alpha$ 越大，则发生破坏的时间越短；在区域Ⅱ，$\alpha$ 越大，则发生破坏的时间越长；Ⅰ类岩石在区域Ⅲ不会发生破坏。对于Ⅰ类岩石，在启动点为低应力水平时，需要很长时间才能发生破坏，随着时间的增加，变形积累到一定临界值后发生破坏，在此过程中，其能量是缓慢释放的，从而Ⅰ类岩石的破坏更多是缓慢的破坏，即延性破坏。

（2）Ⅱ类岩石破坏模式。与Ⅰ类岩石相同，只有在区域Ⅰ和区域Ⅱ将会发生破坏，即只有 $1 < \alpha < \infty$，$\alpha = \pm\infty$，$-\infty < \alpha < 0$ 时，广义流变曲线随着时间的增加，会和全应力-应变曲线相交，最终发生破坏；在同一方向系数 $\alpha$ 下，Ⅱ类岩石发生破坏的时间比Ⅰ类岩石发生破坏的时间更短。随着时间的增加，变形积累到一定临界值后将发生破坏，其能量突然释放，并发生岩爆。

# 3 岩石广义流变试验系统

广义流变试验的核心是由应力归还法控制的伺服试验机，其把应力和应变的线性组合作为控制信号反馈给伺服放大器，运用变阻器硬件技术实现应力归还法。应变速率控制和应力速率控制是应力归还法的两种特殊形式。

## 3.1 应力归还法及其伺服控制技术的实现

### 3.1.1 应力归还法基本原理

伺服试验机的研发中，国内外研究成果很多，但更多是注重岩石峰前区域特性的获得。在峰后区域岩石的特性更多的是和矿柱、肋壁、隧道等许多地下工程相联系，岩石峰后区域性质的获得比较难的是试件破坏时会出现不稳定现象。目前的试验机，当达到岩石的破坏强度时，由于试件突然破坏，导致峰后很难控制。为了防止出现这种现象，设计试验机时，可通过调小液压缸油源体积、热收缩和放置刚性柱的方法来使试验机刚性变大[79]。目前伺服试验机非常流行，其可通过恒定位移（应变）速率、恒定应力速率等控制方法来进行岩石的各种试验。传统的伺服试验机有位移控制（应变控制，即把位移（应变）作为控制信号反馈给伺服放大器来执行试验）和荷载控制（应力控制，即把荷载（应力）作为控制信号反馈给伺服放大器来执行试验）两种。依照岩石单轴压缩试验破坏过程，W. Wawersik[78]把岩石分为 I 类和 II 类，如图 3.1 所示，I 类岩石是指在加载应力达到破坏强度时，峰后应力缓慢下降，表现出应变软化，峰后曲线斜率总是负的情况；这种岩石的全应力-应变曲线通过常用的伺服试验机，采用位移控制（应变控制）能够很容易的获得。II 类岩石会在达到破坏强度后突然破坏，应力急剧下降，如果采用位移控制（应变控制），很难完整的获得 II 类岩石峰后曲线。为了对 II 类岩石进行稳定的控制，国内外学者做了很多尝试，如采用径向位移或独立的变量作为反馈信号反馈给伺服试验机[80]。Y. Nichimatsu[81]采纳了这种方法并进行了 II 类岩石的全应力-应变曲线试验。M. Terada 等人[82]采用声发射速率（AE速率）作为反馈信号反馈给伺服放大器进行单轴压缩荷载试验。O. Sano 等人[83]尝试用非弹性体积速率作为反馈信号进行了一系列的试验，对Ⅱ类岩石的控制取得了较好的研究。S. Okubo 等人[79]把应力和应变的线性组合作为伺服试验机的反馈信号，对Ⅰ类和Ⅱ类岩石进行单轴压缩试验，并与以径向位移作为反馈信号的试验进行了对比分析。P. Z. Pan 等人[84]通过弹塑性元胞自动机（EPCA）把应力和应变的线性组合反馈给控制变量，对单轴压缩条件下Ⅰ类和Ⅱ类岩石破坏过程成功地进行了数值计算，但未进行荷载速率相关的试验研究。

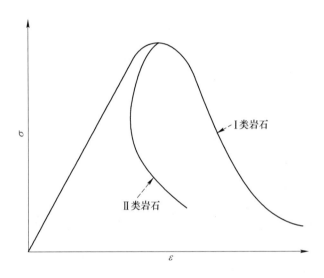

图 3.1　Ⅰ类和Ⅱ类岩石完整的应力-应变曲线

### 3.1.1.1　应变速率控制

Ⅰ类岩石，应力-应变曲线与控制线 $\varepsilon_i = Ct_i$ 有唯一的交点，从而应变速率控制能获得完整的应力-应变曲线；Ⅱ类岩石，控制线 $\varepsilon_i = Ct_i$ 在峰前与应力-应变曲线有唯一的交点，但在峰后区域控制线 $\varepsilon_i = Ct_i$ 与应力-应变曲线有多个交点，从而应变加载在峰后不能稳定地控制Ⅱ类岩石，如图3.2所示。

### 3.1.1.2　应力速率控制

Ⅰ类和Ⅱ类岩石，其峰前应力-应变曲线与控制线 $\sigma_i = Ct_i$ 有唯一的交点，从而应力速率在峰前能稳定地控制Ⅰ类和Ⅱ类岩石；但峰后控制线 $\sigma_i = Ct_i$ 与应力-

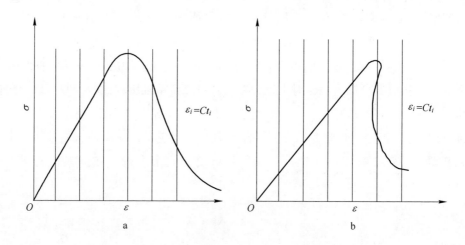

图 3.2　应变速率控制的应力-应变曲线

a—Ⅰ类岩石；b—Ⅱ类岩石

应变曲线没有交点，从而不能稳定地控制峰后Ⅰ类和Ⅱ类岩石，如图 3.3 所示。

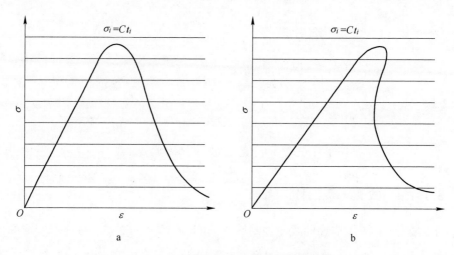

图 3.3　应力速率控制的应力-应变曲线

a—Ⅰ类岩石；b—Ⅱ类岩石

### 3.1.1.3　应力归还法

应变速率控制即把应变作为控制变量反馈给伺服阀，应力速率控制即把应力作为控制变量反馈给伺服阀，而应力归还法[79]则是通过应力和应变的线性组合作为控制变量反馈给伺服阀，其基本公式为：

$$\varepsilon - \alpha \frac{\sigma}{E} = Ct \qquad (3.1)$$

式中　$\varepsilon$——应变；

　　$\sigma$——应力；

　　$C$——荷载速率；

　　$t$——时间；

　　$\alpha$——应力归还量；

　　$E$——弹性模量。

图 3.4 具体给出了应力和应变的线性组合信号反馈给伺服阀的组合原理。即由 LVDT 检测的应变（位移）信号进入位移放大器，由荷重计（Load Cell）检测的应力（荷载）信号进入荷载放大器，把位移放大器和荷载放大器检测的信号经过式（3.1）线性组合后再进入伺服阀，以实现应力归还法。

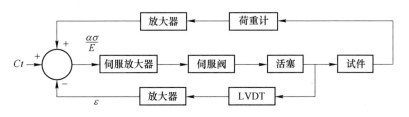

图 3.4　应力归还法信号组合示意图

若仅考虑将应变信号反馈给伺服阀，则可令 $\sigma = 0$，由式（3.1）得式（3.2），此为应变速率控制方式。

$$\varepsilon = Ct \qquad (3.2)$$

若仅考虑将应力信号反馈给伺服阀，则可令 $\varepsilon = 0$，由式（3.1）得到式（3.3），此为应力速率控制方式。

$$\sigma = -\frac{E}{\alpha} Ct = C't \qquad (3.3)$$

可见，应变速率控制和应力速率控制是应力归还法的两种特殊形式。

如图 3.5 所示，采用应力-应变线性组合（$\varepsilon - \alpha\sigma/E$）作为伺服控制系统的反馈信号，不管是峰前还是峰后区域，控制斜线 $\varepsilon_i - \alpha\sigma_i/E = Ct_i$ 与 I 类还是 II 类岩石有唯一交点，从而应力归还法可非常稳定地控制 I 类和 II 类岩石峰后的破坏过程，能够获取完整的全应力-应变曲线。应力归还法的主要优点就是能够完整的获得 II 类岩石峰后曲线，能够全面、系统和精确的研究峰前、峰值和峰后区域荷载速率依存性，采用此方法，对定量研究不同区域的荷载速率依存性是很有必要的，尤其对Ⅱ类岩石峰后区域时间依存性的解释也是很重要的。

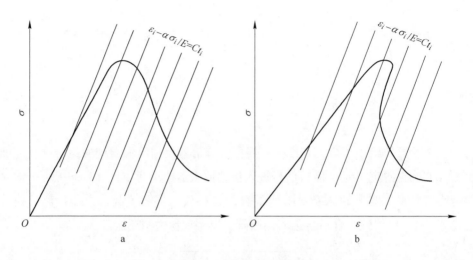

图 3.5　应力归还法示意图

a—Ⅰ类岩石；b—Ⅱ类岩石

### 3.1.2　应力归还法伺服控制原理

目前，国内外伺服控制试验系统的研究已取得了巨大成就。与开环控制系统相比，伺服控制系统先进性主要体现在提高了瞬态响应时间、减少了稳态误差和荷载的灵敏度。提高瞬态响应时间意味着增加系统带宽，快速响应意味着可对试验机设置高吞吐量，减少稳态误差通常和伺服系统精度相关，减少荷载灵敏度意味着伺服系统在输入和输出上能容忍波动。伺服控制试验系统通常分为两类：第一类是处理命令跟踪，其主要是处理好命令和实际响应问题。在转动控制方面典型的命令是位置、速度、加速度和力矩。对于线性转动，扭矩通常代替力，伺服控制部分被认为是前馈控制。第二类称为系统的抗扰动特征，扰动可以是任何一个因素（从电机轴上的力矩扰动到前馈控制所使用的不正确电机估值），P. I. D.（比例、积分、微分控制）和 P. I. V.（比例、积分、速度控制）可防止这些扰动问题，与前馈控制相比，抗扰动控制对未知的扰动和模型误差具有较好的预防作用。

#### 3.1.2.1　P. I. D. 伺服控制

一个典型的伺服系统的基本构成如图 3.6 所示（LaPlace 标记法），图中伺服驱动结束一个循环并模型化。作为线性转移函数 $G(s)$，在其构成中，伺服驱动接收一个电压命令，此电压命令代表的是电机电流。电机轴扭矩 $T$ 和电机电流 $I$ 相关，如式（3.4）所示：

$$T = K_t I \tag{3.4}$$

式中 $K_t$——扭矩常量，对低转动频率下电流调节器或扭矩调节器的转移函数被近似的看作一个整体，如式（3.5）所示：

$$G(s) \approx 1 \tag{3.5}$$

伺服电机被块惯性 $J$、黏性阻尼项 $b$、扭矩常量 $K_t$ 模型化。块惯性项由伺服电机惯性和载荷惯性组成。实际的电机位置 $\theta(s)$ 通常由编码器或到电机轴的分解耦合器测量得到。外部的轴扭矩 $T_d$，被添加到由电机电流产生的扭矩中，共同加速总惯量 $J$。

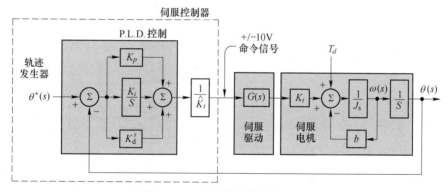

图 3.6 P.I.D. 伺服控制拓扑图

伺服驱动周围和电机块是关闭位置循环的伺服控制器，基本的伺服控制器包含轨迹发生器和 P.I.D. 控制器，典型的轨迹发生器仅提供如图 3.6 所示的位置控制点命令 $\theta^*(s)$。

P.I.D. 控制器对位置误差进行控制，并输出由电机扭矩常量 $K_t$ 测量的扭矩命令。如果电机扭矩常量未知，则 P.I.D. 增益重新规模化。通过方程式（3.6）的近似处理方法得到三个增益值 $K_p$、$K_i$、$K_d$ 来调控 P.I.D. 控制器，这些增益值在所有位置差（方程式（3.7））上都起作用，上标 * 标注涉及一个具体的命令值。

$$K_t \approx K_t \tag{3.6}$$

$$\text{error}(t) = \theta^*(t) - \theta(t) \tag{3.7}$$

P.I.D. 控制器的输出是一个扭矩信号，它时间域的数学表达式如方程式

（3.8）所示：

$$\mathrm{P.\,I.\,D.\ output}(t) = K_p(\,\mathrm{error}(t)\,) + K_i\!\int(\,\mathrm{error}(t)\,)\,\mathrm{d}t + K_d\frac{\mathrm{d}}{\mathrm{d}t}(\,\mathrm{error}(t)\,)$$

$$\text{（3.8）}$$

### 3.1.2.2　P. I. V. 伺服控制

　　P. I. V. 控制器把位置循环和速度循环结合在一起，将位置差乘以 $K_p$ 变成速度纠错命令，如图 3.7 所示。积分项 $K_i$ 直接指控速度差，代替 P. I. D. 中的位置差，在 P. I. D. 中位置循环 $K_d$ 项被 P. I. V. 中速度循环的 $K_y$ 项换，单位（N·m/（rad/s））。P. I. V. 控制需要电机速度的信息，在图 3.7 中速度估计器由简单的滤波器构成。如果需要真实精确响应，能够累计较大的延迟。通过速度监测器可获得速度值，另外，必须给 P. I. V. 控制提供整齐的速度信号，本节伺服试验系统采用 P. I. V. 伺服控制。

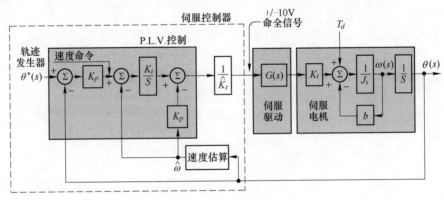

图 3.7　P. I. V. 伺服控制拓扑图

### 3.1.2.3　应力归还法控制伺服试验系统的工作原理

　　应力归还法控制伺服试验系统的工作原理如图 3.8 所示，应变信号、应力信号和指令信号同时进入伺服放大器，其工作原理如下：

　　（1）从 LVDT 测量的应变信号经过变阻器 VR1 折减。

　　（2）从 Load Cell 测量的应力信号经过变阻器 VR2 折减。

　　（3）在伺服放大器中，对内部线路进行改造，可实现信号的加算/减算，对应力信号和应变信号进行线性组合，即为 $(\varepsilon - \alpha\sigma/E)$。

（4）将组合信号（$\varepsilon - \alpha\sigma/E$）与指令信号进行对比，把两者差信号反馈给伺服阀，通过差信号实现丢油缸活塞运动的实时控制，从而达到对伺服试验机的应力归还控制的目的。

（5）伺服控制试验系统油压源由液压泵和蓄能器构成，对整个伺服系统提供动力。

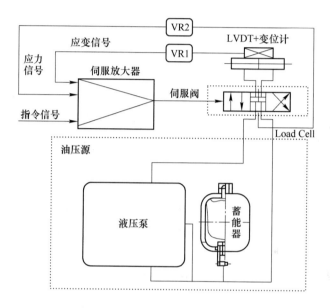

图 3.8 应力归还法控制伺服试验系统工作示意图

### 3.1.3 应力归还法硬件实现技术

应力归还法是通过变阻器硬件技术在伺服试验机上实现的，即通过设计的变阻器 VR1 和变阻器 VR2（其中 VR1 连接 LVDT，应变信号通过 VR1 后反馈给伺服放大器 Feedback#1 端，简称 FB#1；VR2 连接 Load Cell，应力信号通过 VR2 后反馈给伺服放大 Feedback#2，简称 FB#2），将其 FB#1-应变信号端和 FB#2-应力信号端的信号进行内部加或减运算的（本书作者对 KSAM-40i 伺服放大器进行了内部线路改造实现加减运算）结果信号输入到伺服阀，并在与指令信号进行对比后反馈其误差信号给伺服试验机，以实时控制活塞的运动，从而实现伺服试验机的应力归还法。在变阻器 VR1 和变阻器 VR2 中分别设有两个终端接头（即 VR11和 VR13 以及 VR21 和 VR23）和一个调节旋钮（即 VR12 和 VR22），如图 3.9 所示。

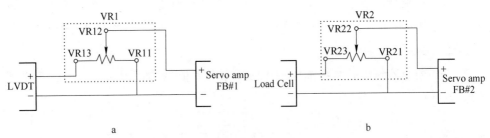

图 3.9　应力归还法硬件实现示意图

a—变阻器 VR1；b—变阻器 VR2

（1）当 VR12 旋转到 VR13 且 VR22 旋转到 VR21 时，即 VR1 的电阻值为 0 且 VR2 的电阻为最大值，表示应力信号没有输入到伺服放大器 FB#2 中，但应变信号全部输入到伺服放大器 FB#1 中，与式（3.2）相对应，此时为应变速率控制。

（2）当 VR12 旋转到 VR11 且 VR22 旋转到 VR23 时，即 VR1 的电阻为最大值且 VR2 的电阻值为 0，表示应变信号没有输入到伺服放大器 FB#1 中，但应力信号全部输入到伺服放大器 FB#2 中，与式（3.3）相对应，此时为应力速率控制。

（3）当 VR12 旋转到 VR11 和 VR13 中间某值且 VR22 旋转到 VR21 和 VR23 中间某值处时，VR1 把折减后的应变信号反馈给伺服放大器 FB#1 中且 VR2 也把折减后的应力信号反馈给伺服放大器 FB#2 中，伺服放大器把 FB#1-应变信号和 FB#2-应力信号进行内部加或减运算，并把结果信号输入到伺服阀，与式（3.1）相对应，此时为应力归还法。应力归还量 $\alpha$ 的值为 VR12 和 VR22 对应的电阻比值 $\beta$ 与系数 $k$ 的乘积，即：

$$\alpha = k\beta \tag{3.9}$$

式中，系数 $k$ 与弹性模量、应力和应变的灵敏度等有关。

## 3.2　应力归还法伺服控制试验系统基本组成

本书作者自主研发的应力归还伺服控制试验系统包括岩石压缩试验系统（图 3.10）和岩石单轴拉伸试验系统（图 3.11）两套试验系统，均主要由机架、加载系统、伺服控制系统以及数据采集系统等四大部分组成，系统部件连接如图 3.12 所示。

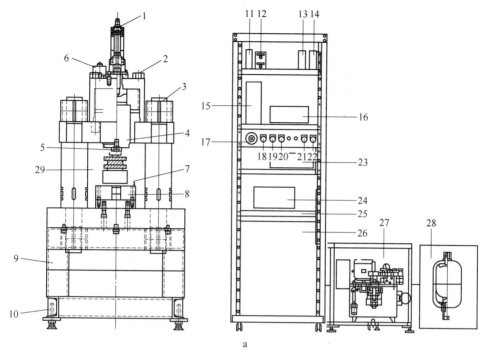

a

b

图 3.10　岩石压缩试验系统

a—结构示意图；b—实物图

1—LVDT；2—固定座；3—反力柱；4—液压缸；5—上压头；6—过滤器；7—Load Cell；8—下压板固定座；
9—机器架；10—地脚螺栓；11—伺服放大器；12—VR 开关；13—备用信号控制器；14—Load Cell 放大器；
15—变位计；16—电流电压发生器；17—非常规停止按钮；18—总开关，19—停止开关；20—备用开关；
21，22—工作指示灯；23—数字万用表；24—数据记录仪；25—笔记本电脑；26—主机电路箱；
27—液压站；28—蓄能器；29—可视化三轴压缩压力室

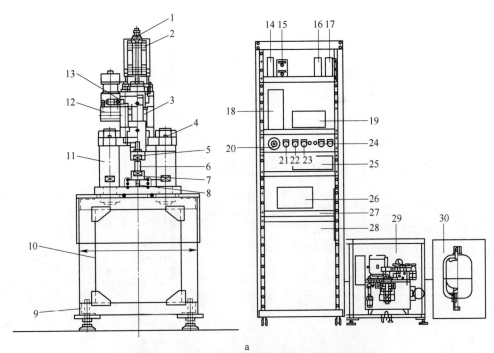

a

b

图 3.11　岩石单轴拉伸试验系统

a—结构示意图；b—实物图

1—LVDT；2—固定支架；3—液压缸；4—吊环；5—活塞上压（拉）头；6—试件；7—Load Cell；
8—下压板固定座；9—地脚螺栓；10—固定架；11—反力柱；12—进油过滤器；13—伺服阀；14—伺服放大器；
15—VR 开关；16—备用信号控制器；17—Load Cell 放大器；18—变位计；19—电流电压发生器；
20—非常规停止开关；21—启动开关；22—关机开关；23—备用开关；24—工作状态显示灯；25—数字万用表；
26—数据记录仪；27—控制笔记本电脑；28—电源箱；29—液压泵；30—蓄能器

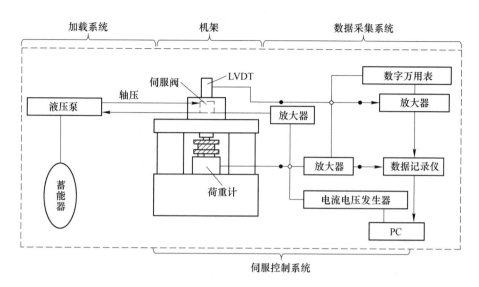

图 3.12 岩石压缩/拉伸试验系统部件连接图

### 3.2.1 机架

轴向加载机架由底部固定支座、2 根反力支柱、液压缸构成，上部液压缸通过反力支柱固定在底部固定支座上，其中，LVDT 被安装在液压缸背后固定底座上，LVDT 测试轴向活塞杆的位移，从而可间接计算出试件的轴向变形。荷重计（Load Cell）被安装在底部固定底座的上面，用来测试轴向压力。岩石压缩试验系统和单轴拉伸试验系统加载结构示意图如图 3.13 和图 3.14 所示。

### 3.2.2 加载系统

加载系统主要由伺服液压站构成，采用德国 MOGO 公司生产的精密伺服阀，该系统把伺服阀安装在液压缸背后固定支座上，拉近了伺服阀和液压缸的距离，目的是提高控制的精度。该试验系统采用轴压液压泵+蓄能器的设计理念，如图 3.15 所示。伺服液压泵设计采用变量柱塞式泵，通过蓄能器（里面充 8MPa 氮气）提供 10MPa 的压力，来补充由于液压泵延迟造成的压力下降。由于液压泵里斜盘移动，导致液压泵压力下降，不得不用蓄能器中 8MPa 的氮气气囊持续为液压泵活塞提供 10MPa 的压力。蓄能器里面有 10MPa 的液压油，此液压油通过蓄能器的进出油口和液压泵连接，如果液压泵中的压力保持恒定，则蓄能器里油和氮气气囊保持稳定状态；如果由于液压泵斜盘的移动，造成压力减少，则由蓄

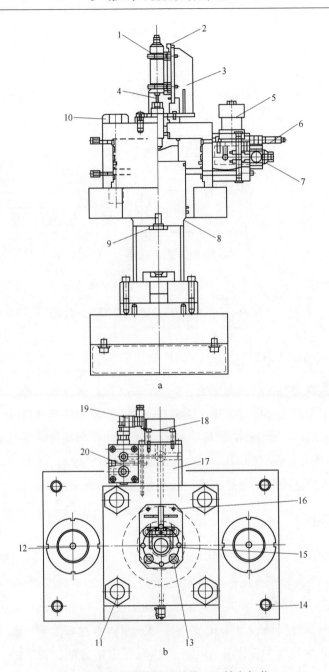

图 3.13   岩石压缩试验系统——轴向加载
a—侧视结构示意图；b—俯视结构示意图
1—LVDT；2—LVDT 调节键；3—LVDT 固定座；4—LVDT 探针；5—过滤器；
6—进油管；7—伺服阀；8—液压缸；9—上压头；10—反力柱；
11—液压缸固定螺栓；12—反力柱；13—液压缸柱；14—吊环；15—液压缸；
16—固定螺栓；17—固定座；18—伺服阀；19—过滤器进口；20—过滤器

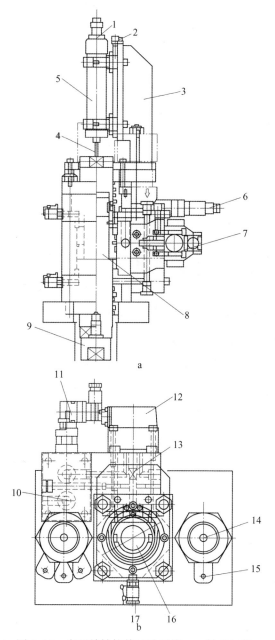

图 3.14 岩石单轴拉伸试验系统——轴向加载

a—侧视结构示意图；b—俯视结构示意图

1—LVDT；2—LVDT 调节键；3—LVDT 固定座；4—LVDT 探针；5—金属保护壳；

6—过滤器进油管；7—伺服阀；8—液压缸；9—上压（拉头）；10—过滤器；11—过滤器进油管；

12—伺服阀；13—固定螺栓；14—反力柱；15—固定螺栓；16—液压缸；17—排油嘴

能器中 10MPa 的油压持续给液压泵补给压力。此方法补充油压及时，避免了油作业过程中的温度上升问题，从而该设计液压泵不需要冷却系统。与传统液压泵相比，其优点主要是：（1）液压泵与传统液压泵相比，由于采用了蓄能器补充压力原理，使得油在工作中温度很低，所以取消了冷却系统；（2）液压泵耗油量非常低、省油省电、节约成本、节能环保；（3）液压泵工作噪声非常低、稳定性非常强。

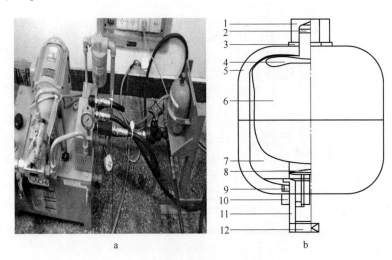

图 3.15　伺服液压泵+蓄能器（实物图）

a—伺服液压泵；b—蓄能器

1—阀柱护套；2—阀芯；3—螺母；4—囊袋；5—外壳；6—充氮气囊袋；7—作动油；

8—密封嘴；9—O 形圈；10—密封圈；11—进油口；12—套管

### 3.2.3　伺服控制系统

#### 3.2.3.1　指令信号

伺服控制系统采用电流电压发生器作为指令驱动源，如图 3.16 所示，其提供−32~+32V 电压，伺服试验机活塞的上下移动、活塞的速率等都由电流电压发生器控制。该电流电压发生器由本书作者自主开发的程序控制，通过设定不同的程序参数，能实现恒定荷载速率试验、二级交替荷载速率试验、三级交替荷载速率试验、加载—卸载试验、加载—卸载—再加载循环试验、蠕变试验、松弛试验和广义流变试验等。

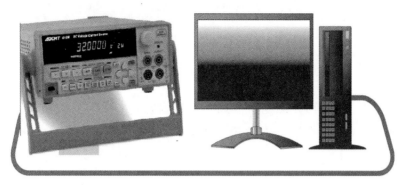

图 3.16 指令信号（电流电压发生器）

该试验系统液压泵的启动和停止都由按钮操作完成，程序中设计了自动保护，当荷载或位移达到一定值后，设备报警并自动关掉液压泵，试验加载参数根据需要任意设定。

### 3.2.3.2 伺服控制系统

伺服控制实现应变速率控制、应力速率控制和应力归还法控制，其中应变速率控制和应力速率控制是应力归还法控制的两种特殊形式。应力归还法在试验系统上的接线端子如图 3.17 所示。控制台架上有 24 个连接端子，各连接端子和伺服放大器 16 个接口相对应，16 个端子分别对应的是指令信号输入端（#1，#2）、LVDT 输入端（#3，#4）、Load Cell 输入端（#5，#6）、伺服阀连接端（#7，#8）、电压输入端（＃9，＃10）、电压输出端（＃11，＃12）和其他备用端子（#13，#14，#15，#16）。

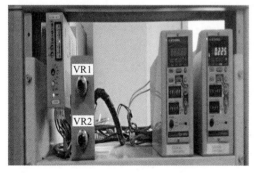

a                                    b

图 3.17 变阻器 VR1+VR2 和接线端子

a—变阻器 VR1+VR2 实物图；b—应力归还法接线端子

### 3.2.4　采集系统

#### 3.2.4.1　变形测量

轴向变形测量使用差动变压器式变形计测装置 LVDT（LV5-020-MSA-SLB，日本新光电机株式会社制），变位计（6114）的灵敏度为 0~60Hz，LVDT 的测量精度达到 0.01μm，如图 3.18 所示。

a　　　　　　　　　　　　　　　　b

图 3.18　LVDT+变位计

a—LVDT；b—变位计

#### 3.2.4.2　荷载测量

岩石压缩试验系统采用 500kN 应变式压力传感器（LUK-A-500K），岩石单轴拉伸试验系统采用 20kN 应变式压力传感器（LUK-A-20K）。荷载放大器均采用 CDV-900A 型信号放大器，由输入端连接、输出端连接、初值设定和灵敏度登录（通常模式、TEDS 模式和实际负荷模式）构成，其具有高灵敏度（高达 10000 倍）、高响应（DC~500kHz）、远距离测量（长达 2km）和优越的非线性（±0.01%FS 或以内）的特点，实现了高信噪比的直流信号放大器功能，操作简单，更节约操作时间，具体如图 3.19 所示。

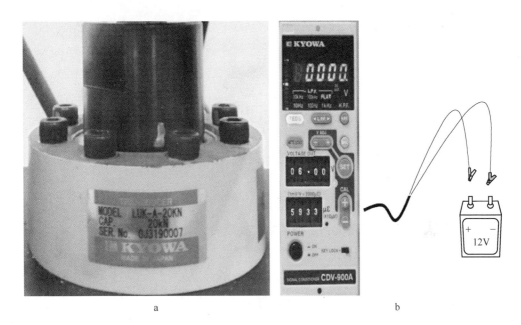

图 3.19 荷重计+荷重放大器

a—荷重计；b—荷重放大器

### 3.2.4.3 数据采集

采用日本 Graphtec 公司的数据记录仪（GL900-8）对所有通道数据进行采集，采集的数据有电流电压发生器指令信号、应变、应力、伺服反馈差等，并能够实现破断保护，数据记录仪实物如图 3.20 所示。

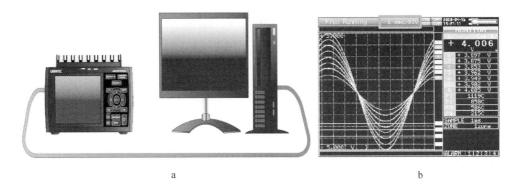

图 3.20 数据采集系统（数据记录仪）

a—数据记录仪连接图；b—界面显示图

## 3.3　主要技术参数

（1）岩石压缩试验系统主要技术参数如下：

1）轴压：0~500kN。

2）试验台刚度：压缩 5GN/m，拉伸 1GN/m。

3）有效测力范围：0.1%~100%最大荷载。

4）位移控制速度：0.00001~300mm/min。

5）频率：DC-100Hz；LVDT 分辨率：0.1μm。

6）速度精度：示值的±0.5%以内。

7）位移和变形测量精度：示值的±0.5%以内。

8）应变控制速度：1~1000μs。

9）试样尺寸：$\phi$25mm×50mm 或 $\phi$50mm×100mm。

10）控制方式：载荷控制、位移控制、应力归还法控制。

（2）岩石单轴拉伸试验系统主要技术参数如下：

1）最大荷载：20kN，精度±0.1kN。

2）试验台刚度：压缩 1GN/m，拉伸 0.4GN/m。

3）有效测力范围：0.1%~100%最大荷载。

4）应变控制速度：0.1~100μs。

5）频率：DC-100Hz。

6）LVDT 分辨率：0.1μm。

7）速度精度：示值的±0.5%以内。

8）位移和变形测量精度：示值的±0.5%以内。

9）试样尺寸：$\phi$25mm×50mm 或 $\phi$50mm×100mm。

10）控制方式：载荷控制、位移控制，应力归还法控制。

# 4  岩石广义流变试验

## 4.1  岩石广义流变试验方法

### 4.1.1  试验对象

以Ⅰ类岩石（田下凝灰岩）和Ⅱ类岩石（井口砂岩、花岗岩）为对象，运用应力归还控制的伺服试验系统开展广义流变试验。试验中启动点表示应力水平，$\alpha$ 是方向系数，其值分别是 0.3、0、-0.3、-1、-3、∞、3。

### 4.1.2  试验步骤

广义流变试验通过应力归还法控制实现，用自主研发的应力归还法控制伺服试验系统进行广义流变试验。在广义流变中，当加载到预先设定的应力水平后，控制指令加载信号，执行广义流变试验，其步骤如下：

（1）岩样准备。试验岩样主要采用田下凝灰岩、井口砂岩和花岗岩三种岩石。田下凝灰岩产于日本，井口砂岩和花岗岩产于中国重庆。采用湿式加工法将其加工成 $\phi25\text{mm}\times50\text{mm}$ 的圆柱体试件，其端面平整度和端面平行度分别控制在 0.01mm 和 0.03mm 之内，加工成形的岩石试件均放置于室内保持其自然干燥状态。

（2）安装。岩样加工好后，把试件安装在应力归还法的伺服试验机上。首先用变位计为试件预加 1% 的预应力，使试件与试验机上下顶板完全接触。

（3）$\alpha$ 值的设定。每次试验前设定 $\alpha$ 值，设定方法如 3.1.3 节图 3.9 所示的 VR1 和 VR2 变阻器设定，$\alpha = k\beta$，$\beta$ 为 VR2 和 VR2 的比值，$k$ 与弹性模量、应力和应变的灵敏度等有关。蠕变和松弛试验是广义流变的两种特殊形式，蠕变试验设定 VR1 = 1，VR2 = 0；松弛试验设定 VR1 = 0，VR2 = 1。

（4）加载和控制。设定好后，启动按钮，从原点开始以荷载速率 $1\times10^{-5}/\text{s}$ 加载，当应力达到启动点（如启动点为 50%，表示应力达到峰值荷载的 50%）时，停止加载，控制稳定，进行广义流变试验。在进行广义流变试验期间，试验机指令输入信号恒定，试验完全按照设定的 $\alpha$ 值由伺服放大器进行，其应力和应变的变化由试件内部的变化引起。从启动点开始到试验结束的时间称为广义流变时间。峰值荷载处的广义流变试验是个难点，因为启动点完全在破坏点被控制住是非常困难的，所以该试验中是在应力达到峰值荷载后开始下降阶段，约在峰后 99.5%～99.9% 应力水平范围内被控制住，从而可近似认为属于峰值荷载处广义流变试验。

（5）流变或破坏。当应力达到启动点后，进入广义流变试验阶段，对花岗岩广义流变试验，随着时间的增加，应变达到破坏临界值后会发生岩爆。

（6）试验结束。按照预先设定的广义流变时间或岩样发生破坏后，机器自动进行破断保护（破断比例可调），自动停止试验，一段时间后停止数据采集。

## 4.2 压缩荷载条件下岩石广义流变试验结果

### 4.2.1 不同岩石的广义流变特性

#### 4.2.1.1 岩石广义流变曲线

田下凝灰岩以应力水平为 50%、80%、峰值和峰后 50% 为启动点，井口砂岩以 80% 应力水平为启动点，按照 4.1 节中介绍的方法和步骤，在原点以 $1.0 \times 10^{-5}/s$ 速率加载到启动点，分别进行 $\alpha = 0.3$、0（松弛）、$-0.3$、$-1.0$、$-3.0$、$\infty$（蠕变）、3.0 的广义流变试验，松弛时间为 100000s。

图 4.1 所示为田下凝灰岩 50% 应力水平下的广义流变特性，图 4.1a 所示为 50% 启动点广义流变在全应力-应变曲线上的位置，当 $\alpha = 0.3$ 时，随着时间的增加应力降低，应变也减小；当 $\alpha = -0.3$、$-1.0$、$-3.0$ 时，随着时间的增加应力降低，应变增大；当 $\alpha = 3$ 时，随着时间的增加应力增加，而应变也增大，蠕变发生在 I 区和 II 区的分界线上，应力松弛发生在 II 区和 III 区的分界线上。图 4.1b 所示为田下凝灰岩 50% 启动点下 $\Delta\sigma$-$\Delta\varepsilon$ 关系图，田下凝灰岩广义流变试验结果与图 2.1 广义流变理论一致，不同 $\alpha$ 下广义流变应力-应变曲线变化规律体现了广义流变的流变特征。

图 4.2 所示是田下凝灰岩在 80% 应力水平下的广义流变特性，在广义流变试验中，首先预先设定广义流变方向系数 $\alpha$ 值，然后从原点开始加载，当加载到 80% 峰值水平时，停止加载，并保持指令信号恒定，开始广义流变试验，80% 应力水平作为启动点，启动点时间记为 0，流变时间持续 100000s。从启动点开始，

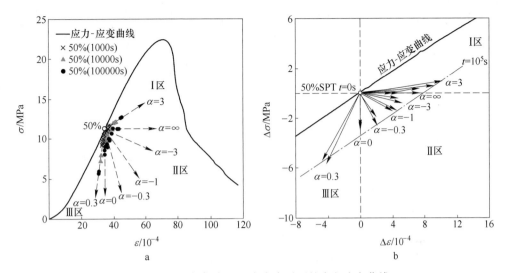

图 4.1　田下凝灰岩 50%应力水平下的广义流变曲线

a—50%应力水平广义流变；b—Δσ-Δε 关系

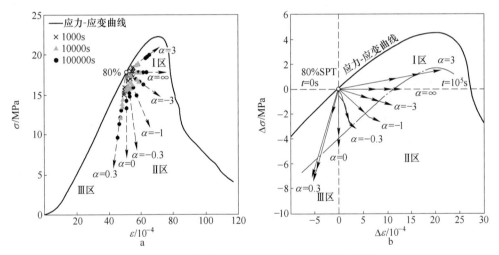

图 4.2　田下凝灰岩 80%应力水平下的广义流变特性

a—80%应力水平广义流变；b—Δσ-Δε 关系

随着时间的增加，设定的方向系数 α 值决定了应力和应变变化情况，试验结果和广义流变理论一致（图 2.1）。图 4.2a 所示为 80%启动点广义流变在全应力-应变曲线上的位置，当 α=0.3 时，随着时间的增加，应力降低，应变也减小；当 α=−0.3、−1、−3 时，随着时间的增加，应力降低，应变增大；当 α=3 时，随着时间的增加，应力增加，应变也增大，蠕变发生在Ⅰ区和Ⅱ区的分界线上，应力松弛发生在Ⅱ区和Ⅲ区的分界线上。图 4.2b 所示为田下凝灰岩 80%启动点下 Δσ-

Δε 关系图，田下凝灰岩广义流变试验结果与图 2.1 广义流变理论一致，不同 α 下广义流变应力-应变曲线变化规律体现了广义流变的流变特征。

每个试件的强度具有差异性，所以以峰值处广义流变精确实现比较困难。本章试验操作中，从原点开始加载到峰值强度附近，根据试验操作者的经验，当加载应力将要接近破坏强度时，做好控制指令信号源（电流电压发生器）的准备，注意观察荷重计放大器 CDV-900A 的电压信号（图 3.19），当其应力电压信号达到最高值并开始下降的时候停止加载，此时广义流变启动点是在峰后，大约是峰值 99.5%~99.9% 之间，作者近似认为其为峰值荷载处广义流变试验启动点。图 4.3 所示为田下凝灰岩在峰值荷载处的广义流变特性，图 4.3a 所示为峰值荷载启动点广义流变在全应力-应变曲线上的位置，当 α=0.3 时，随着时间的增加，应力降低，应变也减小；当 α=−0.3 时，随着时间的增加，应力降低，应变增大；当 α=0 时，应力松弛发生在Ⅱ区和Ⅲ区的分界线上。图 4.3b 所示为田下凝灰岩峰值荷载启动点下 Δσ-Δε 关系图，田下凝灰岩广义流变试验结果与图 2.1 广义流变理论一致，不同 α 下广义流变应力-应变曲线变化规律体现了广义流变的流变特征。

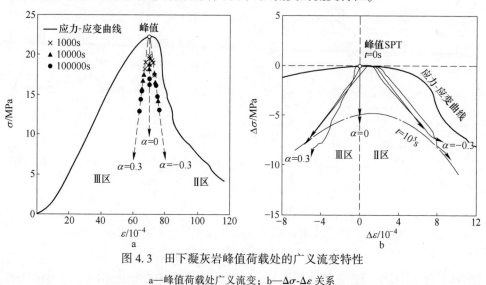

图 4.3    田下凝灰岩峰值荷载处的广义流变特性

a—峰值荷载处广义流变；b—Δσ-Δε 关系

图 4.4 所示为田下凝灰岩在峰后 50% 应力水平下，3 方向系数下的广义流变特性，图 4.4a 所示为峰后 50% 应力水平下，广义流变曲线在全应力-应变曲线上的位置，当 α=0.3 时，随着时间的增加，应力降低，应变减小；当 α=−0.3 时，随着时间的增加，应力降低，应变增大；当 α=0 时，应力松弛发生在Ⅱ区和Ⅲ区的分界线上。图 4.4b 所示为田下凝灰岩峰后 50% 启动点下 Δσ-Δε 关系图，田

下凝灰岩广义流变试验结果与图 2.1 广义流变理论一致，不同 $\alpha$ 下广义流变应力-应变曲线变化规律体现了广义流变的流变特征。

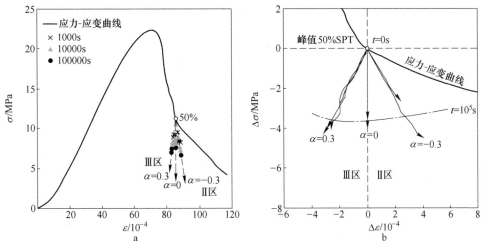

图 4.4　田下凝灰岩峰后 50% 应力水平下的广义流变特性

a—峰值荷载处广义流变；b—$\Delta\sigma$-$\Delta\varepsilon$ 关系

　　图 4.5 所示为井口砂岩在 80% 应力水平下的广义流变特性，图 4.5a 所示为 80% 启动点广义流变在全应力-应变曲线上的位置，图 4.5b 所示井口砂岩 80% 启动点下 $\Delta\sigma$-$\Delta\varepsilon$ 关系图，Ⅱ 类岩石（井口砂岩）广义流变试验结果和 Ⅰ 类岩石（田下凝灰岩）流变规律相似，不同 $\alpha$ 下广义流变应力-应变曲线变化规律体现了广义流变的流变特征。

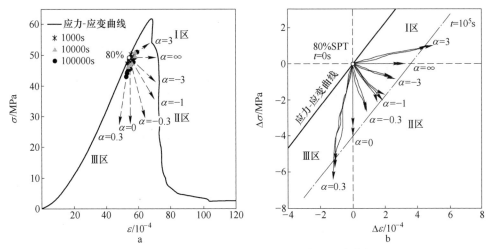

图 4.5　井口砂岩 80% 应力水平下的广义流变特性

a—80% 应力水平广义流变；b—$\Delta\sigma$-$\Delta\varepsilon$ 关系

### 4.2.1.2　岩石广义流变时效特性

图 4.6 所示为田下凝灰岩在不同应力水平下应力和应变变化值与时间的曲线，四个应力水平下的 $\Delta\sigma\text{-}t$ 和 $\Delta\varepsilon\text{-}t$ 变化规律相似，其变化特征与图 4.1~图 4.4 相一致，应力和应变随时间的变化规律服从对数法则。区别在于随着应力水平的增加，应力和应变变化量增大，在峰值处达到了变化的极限，峰后应力水平下的变化值要大于峰前对应水平下的变化值。

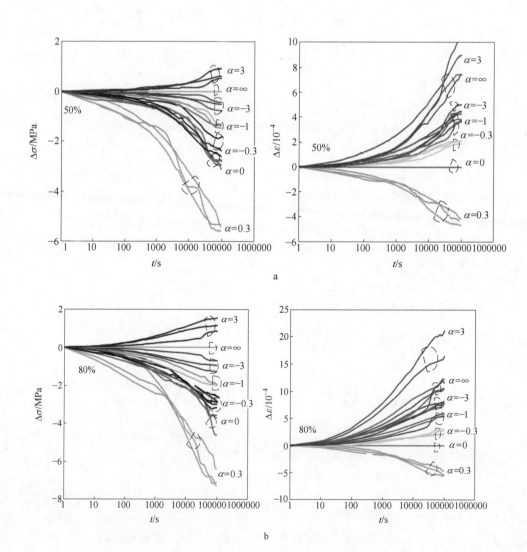

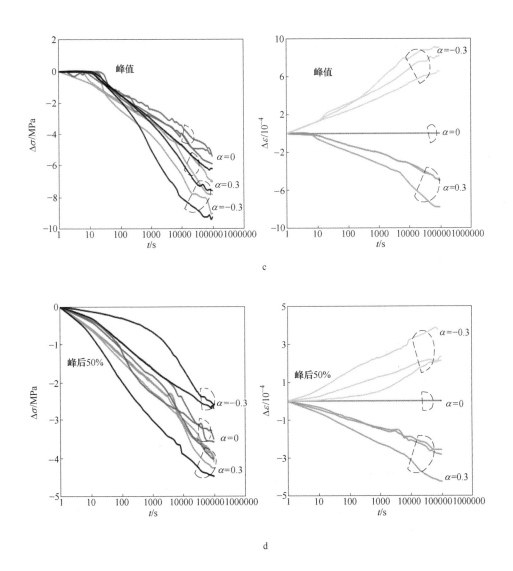

图 4.6　田下凝灰岩不同应力水平下的应力、应变-时间曲线

a—50%应力水平下 Δσ-t、Δε-t 关系曲线；b—80%应力水平下 Δσ-t、Δε-t 关系曲线；

c—峰值荷载处 Δσ-t、Δε-t 关系曲线；d—峰后 50%应力水平下 Δσ-t、Δε-t 关系曲线

　　图 4.7 所示为井口砂岩在不同 α 条件下的 Δσ-t 关系曲线，每天不同条件下 3 个试件试验数据离散性较小、整体趋势一致性较好。其时间效应与田下凝灰岩规律一致，对比两种岩石 80%应力水平下的试验结果，发现Ⅱ类岩石（井口砂岩）

比 I 类岩石（田下凝灰岩）在同一时刻应力和应变的变化值较小，原因或许和岩石内部颗粒结构相关，井口砂岩属于脆性岩石，其破坏强度较大、内部结构致密、泊松比较小，破坏多以脆性破坏为主；而田下凝灰岩属于软岩类，破坏强度较小、泊松比较大，破坏多以延性破坏为主。

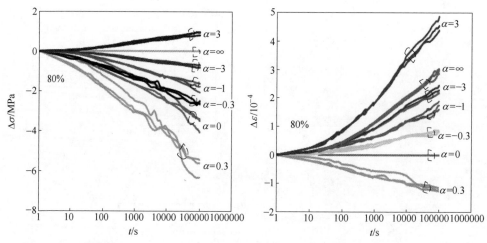

图 4.7　井口砂岩不同应力水平下的应力、应变-时间曲线

### 4.2.1.3　岩石广义流变速率效应

图 4.8a 所示为田下凝灰岩在 50%应力水平下应变速率、应力速率和时间的关系，当 $\alpha=-1$ 时，初始应变速率最大；而 $\alpha=-0.3$ 时，初始应变速率最小；当 $\alpha=0.3$ 时，初始应力速率最大；而 $\alpha=-3$ 时，初始应力速率最小；刚开始阶段，应变速率和应力速率下降很快，随着时间的增加，大约在 1000s，应变速率和应力速率趋于稳定。图 4.8b 所示为田下凝灰岩在 80%应力水平下应变速率、应力速率和时间的关系，当 $\alpha=-1$ 时，初始应变速率最大；而 $\alpha=-0.3$ 时，初始应变速率最小；当 $\alpha=0.3$ 时，初始应力速率最大；而 $\alpha=3$ 时，初始应力速率最小；刚开始阶段，应变速率和应力速率下降很快，随着时间的增加，应变速率大约在 1000s 趋于稳定，而应力速率大约在 800s 时趋于稳定。图 4.8c 所示为田下凝灰岩在峰值荷载处应变速率、应力速率随时间变化的规律，当 $\alpha=-0.3$ 时，初始应变速率最大；而 $\alpha=0.3$ 时，初始应变速率最小；当 $\alpha=-0.3$ 时，初始应力速率最大；而 $\alpha=0$ 时，初始应力速率最小；刚开始阶段应变速率和应力速率下降很快，随着时间的增加，应变速率和应力速率都大约在 1000s 时趋于稳定。图 4.8d

所示为田下凝灰岩在峰后 50%处时应变速率、应力速率和时间的关系，当α=0.3
和-0.3 时，初始应变速率几乎相同；当 α=0.3 和 0 时，初始应力速率几乎相
同，而 α=-0.3 时，初始应力速率最小；刚开始阶段，应变速率和应力速率下降
很快，随着时间的增加，应变速率和应力速率都大约在1000s 时趋于稳定。当在
α=0时，应力速率刚开始明显大于其他 α 条件下的值。

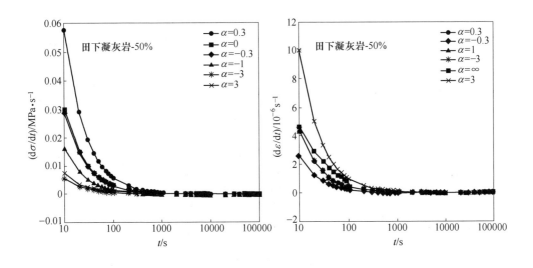

a

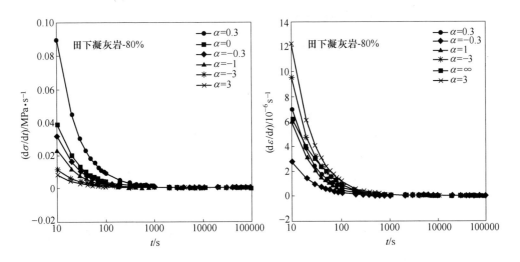

b

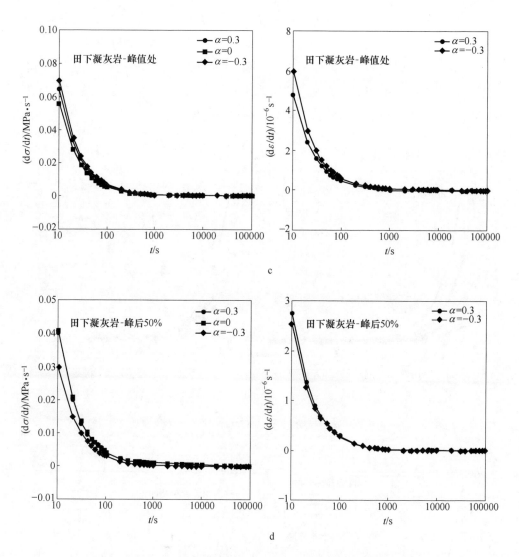

图 4.8  田下凝灰岩不同应力水平下应力、应变速率效应曲线

a—50%应力水平下不同 α 条件时田下凝灰岩应力速率、应变速率-时间关系;

b—80%应力水平下不同 α 条件时田下凝灰岩应力速率、应变速率-时间关系;

c—峰值处不同 α 条件时田下凝灰岩应力速率、应变速率-时间关系;

d—峰后 50%应力水平下不同 α 条件时田下凝灰岩应力速率、应变速率-时间关系

　　图 4.9 所示为井口砂岩在 80%应力水平下应变速率、应力速率和时间的关系,当 α=0.3 时,初始应变速率最大;α=-0.3 时,初始应变速率最小;当 α=0.3 时,初始应力速率最大;而 α=-3 时,初始应力速率最小;初始阶段,应变

速率和应力速率下降很快，随着时间的增加，应变速率和应力速率都大约在1000s时趋于稳定，其和田下凝灰岩规律相似。

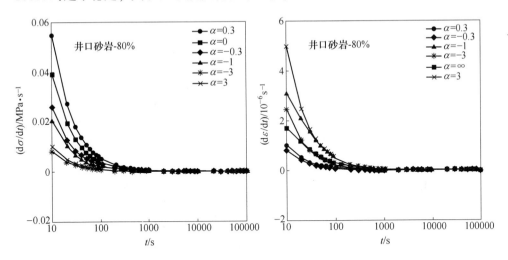

图4.9　井口砂岩不同应力水平下应力速率、应变速率效应曲线

## 4.2.2　不同围压岩石广义流变特性

选取田下凝灰岩50%应力水平的单轴压缩和三轴压缩荷载条件下的广义流变试验结果，进行对比分析研究，得到岩石广义流变围压影响效应，如图4.10所示。在单轴压缩荷载条件下（围压0MPa）时田下凝灰岩破坏强度为22.53MPa，峰后曲线明显下降；三轴压缩荷载条件下（围压3MPa）破坏强度为28.88MPa，其50%应力启动点明显高于单轴压缩条件下同应力水平启动点，峰后曲线体现延性破坏，具有较大的残余强度。但单轴压缩和三轴压缩条件下的广义流变规律具有相似性。对单轴和三轴压力下不同α条件下的广义流变数据进行归零处理，即得到启动点处的应力应变值为（0，0），如图4.10b所示，实线表示单轴压缩条件下的广义流变曲线，虚线表示三轴压缩条件下的广义流变曲线，在α=0.3、0时，实线和虚线方向基本重合，表示两个条件下相似度较高；在α=-3、∞、0时三轴压缩条件下流变曲线在单轴条件下曲线的上面。但对同一方向系数α条件下，同一时刻单轴压缩条件下流变曲线总大于三轴条件下流变曲线，原因是三轴条件下受到围压约束，同一时刻应力、应变变化值较小。因此，广义流变具有明显的围压影响效应。

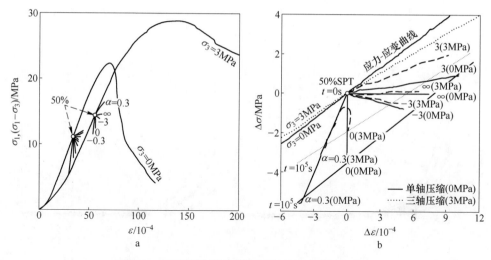

图 4.10　田下凝灰岩不同围压条件下广义流变曲线

a—不同围压下广义流变曲线；b—应力-应变变化量

## 4.3　拉伸荷载条件下岩石广义流变试验结果

### 4.3.1　拉伸荷载蠕变、应力松弛特性

为了充分验证拉伸荷载条件下蠕变和松弛是广义流变的特殊形式，本节单独进行了 30%、50%、70%应力水平下拉伸荷载下的蠕变试验和应力松弛试验。为了与蠕变试验的应力、应变初始条件保持一致，松弛试验的应变按应力水平确定，初始应力分别取 30%、50%和 70%。进行蠕变试验加载时采用应力控制进行加载，选择应力加载的速率约为 $1.6 \times 10^{-3} \mathrm{kPa/s}$，从而保证蠕变起始点附近等效应变速率大致为 $C = 1 \times 10^{-6}/\mathrm{s}$。当应力加载到设定的应力水平时，停止加载保持应力恒定，开始蠕变。整个蠕变过程中力的变化值小于示值的 0.1%，蠕变段在应力应变曲线上几乎为直线，所以蠕变试验有效。进行松弛试验时采用位移控制，应变加载速率为 $C = 1 \times 10^{-6}/\mathrm{s}$。持续加载位移过程中，当应变达到设定的应变水平时，停止位移加载，保持位移恒定，开始松弛试验。整个松弛过程增加量低于示值的 0.5%，增加量较小，所以松弛试验有效。在全应力-应变曲线上 3 个应力水平下的蠕变试验和松弛试验曲线如图 4.11 所示。图 4.11a 所示是蠕变试验在全应力-应变曲线上，3 个应力水平下的应力保持恒定并平行于横轴，随着时间的增加，应变逐渐增大，应力水平越高，蠕变应变较大；应力水平越低，蠕变

应变较小。图 4.11b 所示是松弛试验在全应力-应变曲线上，3 个应力水平下的应变保持恒定并平行于纵轴，随着时间的增加，应力逐渐减小，应力水平越高，应力下降越快；应力水平越低，应力下降越慢。

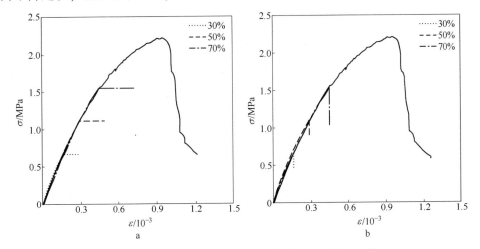

图 4.11 在全应力-应变曲线上的蠕变和松弛试验曲线

a—不同应力水平蠕变试验；b—不同应力水平松弛试验

图 4.12a 所示是蠕变应变和时间的关系，和单轴压缩蠕变试验一样，呈现 3 个阶段（初始阶段、稳定阶段和加速阶段），蠕变应变和时间呈现对数关系，符合蠕变对数法则。图 4.12b 所示是应力降和时间的关系，和单轴压缩松弛试验一样，也呈现两个阶段（初始阶段、稳定阶段），松弛和时间也呈现对数关系。

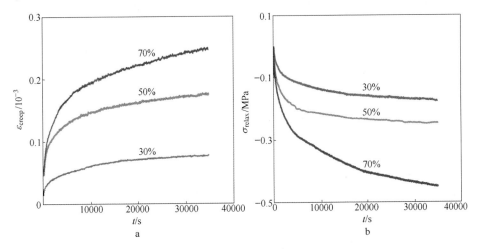

图 4.12 不同应力水平下的蠕变和松弛试验

a—不同应力水平蠕变试验；b—不同应力水平松弛试验

### 4.3.2　拉伸荷载广义流变特性

　　为探究岩石拉伸应力下不同方向系数的广义流变特性，以50%应力水平为启动点（1.094MPa），分别进行了 $\alpha=0.3$（Ⅲ区）、$\alpha=-1$（Ⅱ区）和 $\alpha=3$（Ⅰ区）三个区域的拉伸广义流变试验，其控制方法和单轴压缩条件下的广义流变试验相同。从原点到启动点以 $C=1\times10^{-6}/s$ 速率加载，到启动点后停止加载，进行广义流变试验，广义流变时间为30000s。在全应力-应变曲线上不同方向系数下的广义流变曲线如图4.13所示。当 $\alpha=3$ 时，随着时间的增加，应力增大，应变也增大（Ⅰ区）。当 $\alpha=-1$ 时，随着时间的增加，应力减小，应变增大（Ⅱ区）。当 $\alpha=0.3$ 时，随着时间的增加，应力减小，应变也减小（Ⅲ区）。蠕变试验中（$\alpha=\infty$），应力保持了恒定，蠕变应变随着时间增加而增大（Ⅰ区和Ⅱ区分界线）。松弛试验中（$\alpha=0$），应变保持了恒定，应力随着时间增加逐渐下降（Ⅱ区和Ⅲ区分界线）。其特征和力学机制与单轴压缩广义流变相同，广义流变理论和方法对研究地下工程中随着时间的增加，应力和应变同时变化的实际工程具有重要的指导意义。不同 $\alpha$ 条件下 $\Delta\sigma$-$t$ 的对比曲线和不同 $\alpha$ 条件下 $\Delta\varepsilon$-$t$ 的对比曲线分别如图4.14所示，其结果和单轴压缩荷载条件下广义流变试验规律一致，流变应力和应变服从对数法则。

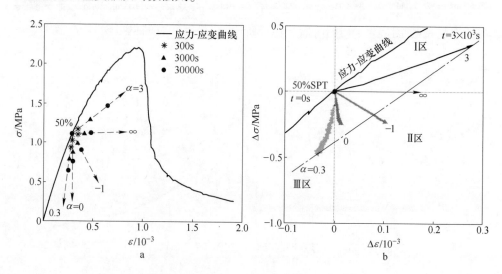

图4.13　50%应力水平田下凝灰岩拉伸广义流变曲线（30000s）

a—50%应力水平广义流变；b—$\Delta\sigma$-$\Delta\varepsilon$ 关系

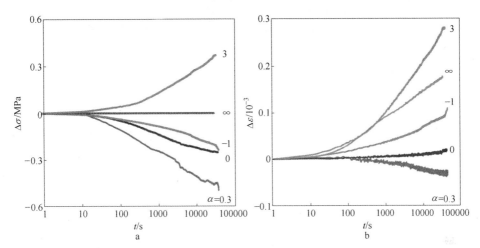

图 4.14 田下凝灰岩单轴拉伸条件下应力、应变-时间曲线

a—$\Delta\sigma$-$t$ 关系；b—$\Delta\varepsilon$-$t$ 关系

图 4.15 所示为田下凝灰岩在 50% 应力水平下应变速率、应力速率和时间的关系。当 $\alpha=3$ 时，初始应变速率最大；而 $\alpha=0.3$ 时，初始应变速率最小；当 $\alpha=3$ 时，初始应力速率最大；而 $\alpha=-1$ 时，初始应力速率最小；在拉伸荷载条件下初始阶段，应变速率和应力速率下降很快，随着时间的增加，应变速率约在 1000s 时趋于稳定，而应力速率都约在 100s 时趋于稳定。但在 $\alpha=0$ 和 3 时，应力速率突降，大概在 40s 左右才进入平稳状态，此现象或许是伺服试验机不稳定或外部环境噪声引起的，在未来继续追加试验，获得稳定光滑的数据。单轴拉伸荷载条件下应力速率、应变速率的变化和单轴压缩荷载条件下流变规律大概相似。

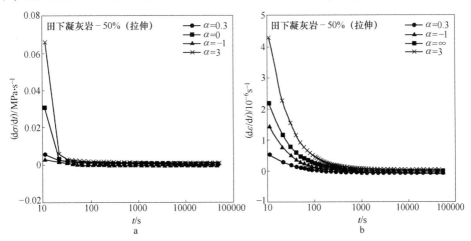

图 4.15 田下凝灰岩单轴拉伸荷载条件下应力、应变速率效应曲线

a— $d\sigma/dt$-$t$ ；b— $d\varepsilon/dt$-$t$

## 4.4　压拉荷载广义流变相似性

### 4.4.1　不同应力水平、不同荷载、相同方向系数

从单轴压缩、拉伸荷载条件下广义流变等时线可知，Ⅰ类和Ⅱ类岩石广义流变等时线全部被包含在全应力-应变曲线内，且随着时间的增加等时线向内收缩，但整体曲线的形状大致和全应力-应变曲线相似。压拉荷载条件下Ⅰ类、Ⅱ类岩石广义流变特性如图4.16所示。

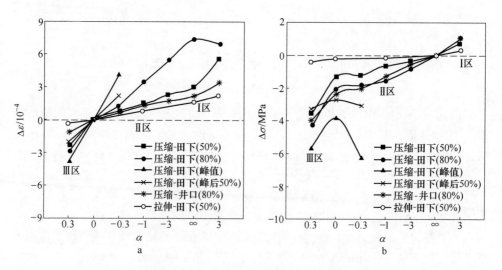

图 4.16　压拉荷载条件下Ⅰ类、Ⅱ类岩石广义流变特性对比（×10⁴s）

a—应变变化量；b—应力变化量

### 4.4.2　不同方向系数、不同荷载、相同应力水平

从田下凝灰岩单轴压缩和单轴拉伸荷载条件下的广义流变试验可知（50%应力水平），在同一方向系数 $\alpha$ 下，单轴压缩荷载条件下应力和应变变化量都大于单轴拉伸荷载条件下的变化量；方向系数 $\alpha$ 从Ⅲ区向Ⅰ区变化时，单轴压缩荷载条件下的应变和应力变化量都大于单轴拉伸荷载条件下的变化量，且单轴拉伸荷载条件下，在不同方向系数 $\alpha$ 下，应力变化量几乎恒定。其中，应变变化量方面，拉压比分别是 $0.12(\alpha=0.3)$，$0.59(\alpha=-1)$，$0.53(\alpha=\infty)$，$0.4(\alpha=3)$，平均拉压比为 0.41；应力变化量方面，拉压比分别是 $0.11(\alpha=0.3)$，$0.17(\alpha=0)$，$0.26(\alpha=-1)$，$0.34(\alpha=3)$，平均拉压比为 0.22，见表 4.1。

**表 4.1 单轴压拉荷载下田下凝灰岩广义流变应力-应变量**

| 岩石 | 应力水平 | 变化量 | α | | | | | | |
|---|---|---|---|---|---|---|---|---|---|
| | | | 0.3 | 0 | −0.3 | −1 | −3 | ∞ | 3 |
| 单轴压缩 | 50% | $\Delta\varepsilon_c/10^{-4}$ | −2.43 | 0 | 0.8 | 1.36 | 2.26 | 3.01 | 5.5 |
| | | $\Delta\sigma_c/\text{MPa}$ | −3.65 | −1.29 | −1.2 | −0.61 | −0.34 | 0 | 0.83 |
| 单轴拉伸 | 50% | 变化量 | α | | | | | | |
| | | | 0.3 | 0 | — | −1 | — | ∞ | 3 |
| | | $\Delta\varepsilon_t/10^{-4}$ | −0.3 | 0 | | 0.8 | | 1.6 | 2.2 |
| | | $\Delta\sigma_t/\text{MPa}$ | −0.41 | −0.22 | — | −0.16 | — | 0 | 0.28 |
| 拉压比 | 50% | $\Delta\varepsilon_t/\Delta\varepsilon_c$ | 0.12 | — | | 0.59 | | 0.53 | 0.40 |
| | | $\Delta\sigma_t/\Delta\sigma_c$ | 0.11 | 0.17 | — | 0.26 | — | — | 0.34 |

　　50%应力水平下，单轴压缩、单轴拉伸和三轴压缩荷载条件下田下凝灰岩的广义流变特征如图4.17所示，不同方向系数下，10000s时刻应力和应变的变化值在同一方向系数下，单轴压缩条件下广义流变的变化值最大，单轴拉伸条件下的变化值最小，三轴压缩荷载条件下的变化值处在中间。从而可知，拉伸荷载条件下，破坏强度较低，岩石破坏时颗粒之间有较小的黏结力，克服粒子束缚所需要的能量较小，从而在发生广义流变时，应力和应变的变化值比单轴压缩荷载条件下大。而三轴压缩荷载条件下，发生广义流变，其应力和应变变化值较单轴压缩荷载条件下小，具有明显的围压影响效应。

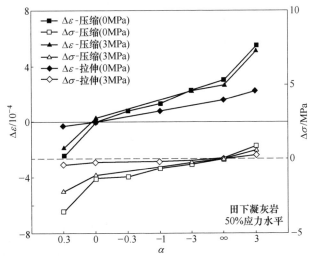

图 4.17 田下凝灰岩压拉荷载条件下广义流变应力、应变变化值

不同荷载条件下广义流变的特性如下：

Ⅰ区：随着时间的增加，应变增大，应力也增大，应力增量和应变增量随着应力水平的增大而增大。应变变化经历了三个阶段，即初始阶段（应变增加率减小）、稳态阶段（应变增加率匀速）和加速阶段（应变增加率增大）；应力增量经历了两个阶段，即初始阶段（应力增加率减小）和稳态阶段（应力增加率匀速）。

Ⅱ区：随着时间的增加，应变增大，应力减小，应变增量随着应力水平的增大而增大，应力降量也随着应力水平的增大而增大；应变增量经历了初始阶段、稳态阶段和加速阶段；应力降量经历了初始阶段和稳态阶段。

Ⅲ区：随着时间的增加，应变减小，应力也减小，应变降量随着应力水平的增大而增大，应力降量也随着应力水平的增大而增大；应变增量经历了初始阶段、稳态阶段和加速阶段；应力降量经历了初始阶段和稳态阶段。

蠕变：在Ⅰ区和Ⅱ区的临界处，随着时间的增加，应力恒定，应变增大，应变增量（蠕变应变）随着应力水平的增大而增大；应变增量（蠕变应变）经历了初始阶段、稳态阶段和加速阶段。

松弛：在Ⅱ区和Ⅲ区的临界处，随着时间的增加，应变恒定，应力减小，应力降量（应力松弛量）随着应力水平的增大而增大；应力降量经历了初始阶段和稳态阶段。

## 4.5  岩石广义流变等时线

### 4.5.1  压缩荷载下的广义流变等时线

田下凝灰岩广义流变应力水平为50%、80%、峰值和峰后50%，方向系数 $\alpha$ 为 0.3、0(松弛)、 $-0.3$、 $-1$、 $-3$、 $\infty$（蠕变）、3，松弛时间为100000s。50%、80%、峰值荷载处和峰后50%处，1000s 时刻用 $*$ 表示，10000s 时刻用▲表示，100000s 时刻用●表示，连接1000s、10000s 和100000s 时刻不同应力水平和不同方向系数下的广义流变数据点，得到 3 个时刻的等时线，如图 4.18a 所示。田下凝灰岩广义流变等时线全部被包含在全应力-变曲线内，且随着时间的增加等时线向内收缩，但整体曲线的形状大致和全应力-应变曲线相似，图 4.18b 所示给出了广义流变全域简化模型。从图 4.18a 中选择田下凝灰岩 10000s 时应力应变点，统计得到其应力应变变化量，如表 4.2 和图 4.19 所示。图 4.19a 所示为不同方向系数下 10000s 时应变变化量，虚线表示启动点，应变变化量为负，表示应变下降量；应变变化量为正，表示应变增加量。从右向左，在广义流变中（图2.1）分别表示Ⅰ区、Ⅱ区和Ⅲ区，即Ⅰ区应变增加量要大于Ⅱ区和Ⅲ区；在同一方向系数下，随着应力水平增加，应变变化量也随之增加。图 4.19b 所示为不同方向系数下 10000s 时应力变化量，应力变化量为负，表示应力下降量；应力变化量为正，表示应力增加量；Ⅲ区应力下降量要大于Ⅱ区和Ⅰ区；在同一方向系数下，随着应力水平增加，应力变化量也随之增加。

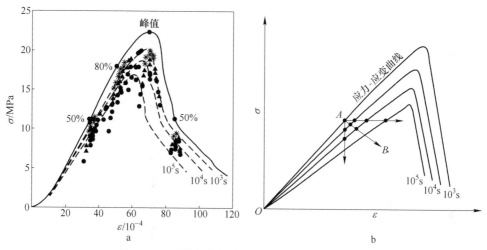

图 4.18 不同应力水平、不同时刻广义流变特性

a—试验结果；b—简化模型

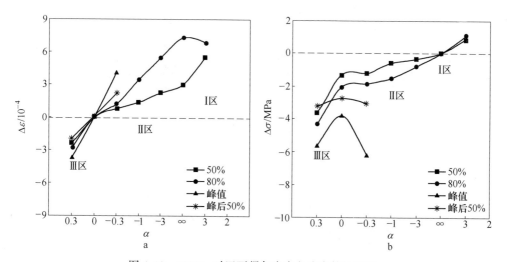

图 4.19 10000s 时田下凝灰岩广义流变特性对比

a—应变变化量；b—应力变化量

**表 4.2　10000s 时不同应力水平下广义流变应力-应变变化量**

| 岩石 | 应力水平 | 变化量 | α | | | | | | |
|---|---|---|---|---|---|---|---|---|---|
| | | | 0.3 | 0 | −0.3 | −1 | −3 | ∞ | 3 |
| 田下凝灰岩 | 50% | $\Delta\varepsilon/10^{-4}$ | −2.43 | 0 | 0.8 | 1.36 | 2.26 | 3.01 | 5.5 |
| | | $\Delta\sigma/\mathrm{MPa}$ | −3.65 | −1.29 | −1.2 | −0.61 | −0.34 | 0 | 0.83 |
| | 80% | $\Delta\varepsilon/10^{-4}$ | −2.87 | 0 | 1.23 | 3.4 | 5.4 | 7.29 | 6.93 |
| | | $\Delta\sigma/\mathrm{MPa}$ | −4.30 | −2.05 | −1.84 | −1.53 | −0.81 | 0 | 1.04 |
| | 峰值 | $\Delta\varepsilon/10^{-4}$ | −3.74 | 0 | 4.1 | | | | |
| | | $\Delta\sigma/\mathrm{MPa}$ | −5.61 | −3.83 | −6.15 | | | | |
| | 峰后 50% | $\Delta\varepsilon/10^{-4}$ | −2.04 | 0 | 2.16 | | | | |
| | | $\Delta\sigma/\mathrm{MPa}$ | −3.24 | −2.75 | −3.07 | | | | |

　　井口砂岩广义流变应力水平为 80%，方向系数 α 为 0.3 、0(松弛)、−0.3、−1、−3、∞ (蠕变)、3，松弛时间为 100000s。80% 应力水平处，1000s 广义流变点用 * 表示，10000s 广义流变点用 ▲ 表示，100000s 广义流变点用 ● 表示，连接 1000s、10000s、100000s 时刻不同方向系数下的广义流变数据点，得到 3 个时刻的等时线，如图 4.20a 所示。Ⅱ类岩石（井口砂岩）同Ⅰ类岩石（田下凝灰岩）一样，广义流变等时线全部被包含在全应力-应变曲线内，且随着时间的增加，等时线向内收缩，但整体曲线的形状大致和全应力-应变曲线相似，其与图 4.18b 所示广义流变等时线简化模型一致。

　　从图 4.20b 中得到井口砂岩 10000s 时应力应变点，统计得到其应力应变变化量，如表 4.3 和图 4.21 所示。图 4.21a 所示为不同方向系数下 10000s 时应变变化量，虚线表示启动点，应变变化量为负，表示应变下降量；应变变化量为正，表示应变增加量。从右向左，在广义流变中（图 2.1）分别表示Ⅰ区、Ⅱ区和Ⅲ区，即Ⅰ区应变增加量要大于Ⅱ区和Ⅲ区；在同一方向系数下，随着应力水平增加，应变变化量也随之增加。图 4.21b 所示为不同方向系数下 10000s 时应力变化量，应力变化量为负，表示应力下降量；应力变化量为正，表示应力增加量；Ⅲ区应力下降量要大于Ⅱ区和Ⅰ区；在同一方向系数下，随着应力水平增加，应力变化量也随之增加。

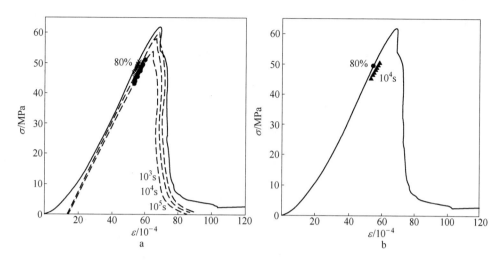

图 4.20 不同应力水平、不同时刻广义流变特性

a—$10^3$ s、$10^4$ s、$10^5$ s 等时线；b—$10^4$ s 时应力应变点

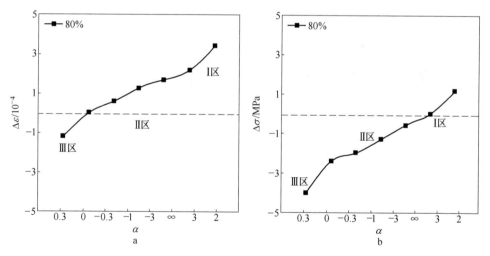

图 4.21 $10^4$ s 时井口砂岩广义流变特性对比

a—应变变化量；b—应力变化量

表 4.3 $10^4$ s 时不同应力水平下广义流变应力应变变化量

| 岩石 | 应力水平 | 变化量 | α | | | | | | | |
|---|---|---|---|---|---|---|---|---|---|---|
| | | | 0.3 | 0 | -0.3 | -1 | -3 | ∞ | 3 | 2 |
| 井口砂岩 | 80% | $\Delta\varepsilon/10^{-4}$ | -1.2 | 0 | 0.59 | 1.28 | 1.69 | 2.19 | 3.39 | — |
| | | $\Delta\sigma/\text{MPa}$ | -4 | -2.37 | -1.97 | -1.28 | -0.56 | 0 | 1.13 | |

注：表中的应力和应变值是平均值。

### 4.5.2　拉伸荷载下的广义流变等时线

单轴拉伸荷载条件下广义流变试验结果等时线如图 4.22 所示，在应力水平为 30% 和 70% 下，只有蠕变（$\alpha = \infty$）和松弛（$\alpha = 0$）等时线，在应力水平为 50% 下，有 $\alpha = 3$、$\infty$、$-3$、$0$、$0.3$ 方向系数下的等时线。只要确定了启动点和方向，经历等时间后广义流变曲线都将处于该等时线上（或附近）。因为广义流变的应力、应变变化都和时间的对数呈线性关系，如果得到了 10000s 和 100000s 的等时线，那么可以推出 1000000s 的等时线位置。单轴拉伸荷载条件下广义流变等时线全部被包含在全应力-应变曲线内，且随着时间的增加，等时线向内收缩，但整体曲线的形状大致和全应力-应变曲线相似，其规律和单轴压缩荷载条件下等时线模型一致。从图 4.22 中得到田下凝灰岩 10000s 时的应力应变点，统计得到其应力应变变化量，如表 4.4 和图 4.23 所示。图 4.23a 所示为不同方向系数下 10000s 时应变变化量，虚线表示启动点，应变变化量为负，表示应变下降量；应变变化量为正，表示应变增加量。从右向左，在广义流变中（图 2.1）分别表示 Ⅰ 区、Ⅱ 区和 Ⅲ 区，即 Ⅰ 区应变增加量要大于 Ⅱ 区和 Ⅲ 区；在同一方向系数下，随着应力水平增加，应变变化量也随之增加。图 4.23b 所示为不同方向系数下 10000s 时应力变化量，应力变化量为负，表示应力下降量；应力变化量为正，表示应力增加量；Ⅲ 区应力下降量要大于 Ⅱ 区和 Ⅰ 区；在同一方向系数下，随着应力水平增加，应力变化量也随之增加。

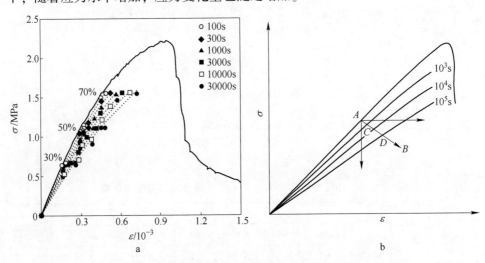

图 4.22　单轴拉伸荷载条件下广义流变等时曲线

a—试验等时线；b—等时线简化模型

**表 4.4 单轴压拉荷载下田下凝灰岩广义流变应力-应变量**

| 岩石 | 应力水平 | 变化量 | $\alpha$ | | | | | | |
|------|---------|--------|------|------|------|------|------|------|------|
| | | | 0.3 | 0 | −0.3 | −1 | −3 | ∞ | 3 |
| 田下凝灰岩 | 50% | $\Delta\varepsilon_t/10^{-4}$ | −0.3 | 0 | — | 0.8 | — | 1.6 | 2.2 |
| | | $\Delta\sigma_t/\text{MPa}$ | −0.41 | −0.22 | — | −0.16 | — | 0 | 0.28 |

注：表中的应力和应变值是平均值。

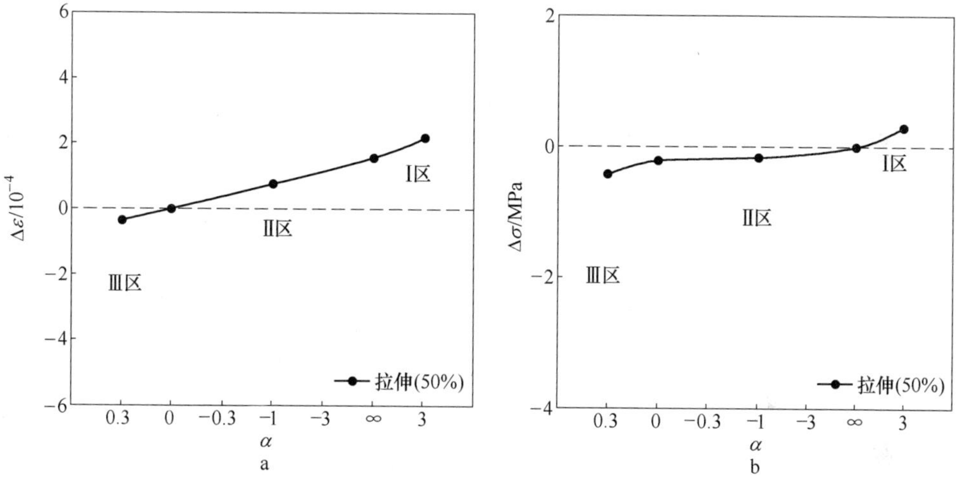

图 4.23 压拉荷载下田下凝灰岩广义流变特性对比

a—应变变化量；b—应力变化量

# 4.6 岩石广义流变柔量、模量的时间效应

## 4.6.1 岩石广义流变柔量时间效应

按照 2.5 节计算方法得到田下凝灰岩广义流变柔量，如图 4.24 所示。在 50%、80% 应力水平下，广义流变柔量随着时间的增加而逐渐增大，随着应力水平的增大，广义流变柔量也逐渐增大，从而说明了广义流变模量具有高应力水平下柔量大的规律和明显的时间效应。图 4.25 表示广义流变模量和方向系数的关系，在同一时刻下（10s、100s、1000s、10000s），广义流变柔量不随方向系数的改变而改变，即广义流变柔量主要和时间、应力水平相关，和方向系数无关。广义流变柔量随着时间体现出指数增加趋势，其量化关系将由后续研究予以证明。

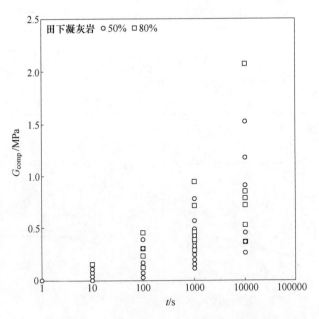

图 4.24 田下凝灰岩广义流变柔量时间效应

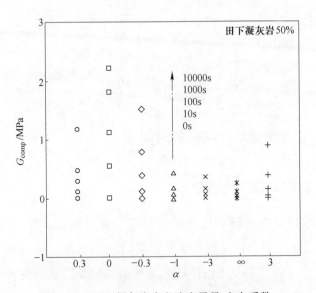

图 4.25 田下凝灰岩广义流变柔量-方向系数

### 4.6.2 岩石广义流变模量时间效应

按照 2.5 节广义流变模量的方法，计算得到田下凝灰岩广义流变模量，如图 4.26 所示。在 50%、80%应力水平下，广义流变模量随着时间的增加而逐渐增

大，随着应力水平的增大，广义流变模量也逐渐增大，从而说明了广义流变模量
具有高应力水平下模量大的规律和明显的时间效应。图 4.27 表示广义流变模量
和方向系数的关系，在同一时刻下（10s、100s、1000s、10000s），广义流变模量
不随方向系数的改变而改变，即广义流变模量主要和时间、应力水平相关，和方
向系数无关。广义流变模量随着时间也体现出指数增加趋势，其量化关系将由后
续研究予以证明。

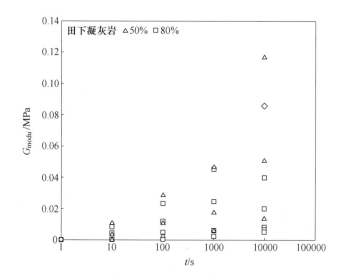

图 4.26　田下凝灰岩广义流变模量时间效应

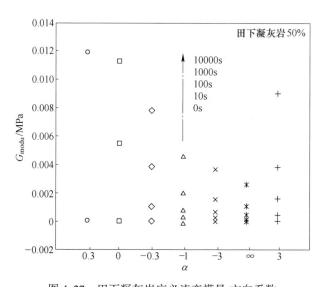

图 4.27　田下凝灰岩广义流变模量-方向系数

## 4.7  岩石广义流变破坏模式

### 4.7.1  流变—破坏—岩爆

广义流变破坏模式可通过花岗岩岩爆试验进行验证，首先执行花岗岩全应力-应变曲线试验（加载速率为 $C=1\times10^{-5}/s$），得到花岗岩单轴压缩强度为204MPa，杨氏模量为28.6GPa，泊松比为0.2，花岗岩峰后应力急剧下降，表现为脆性破坏特征，属于典型的 II 类岩石，如图 4.28a 所示。其次进行应力水平为92%、方向系数 $\alpha=\infty$（即蠕变试验）、$-3$、1 的广义流变试验，试验结果如图4.28b~d 所示。由试验结果可知，当花岗岩加载到92%应力水平时，试验被控制住，然后进行广义流变试验。在 $\alpha=\infty$（即蠕变试验）条件下，从启动点到400s期间，花岗岩处于流变过程，应力恒定，蠕变应变逐渐增大，大约在400s时，试件突然发生破坏，应变急剧增大，应力突然下降，继而发生岩爆，如图 4.28b所示。当 $\alpha=-3$ 时，从启动点到750s期间，花岗岩处于流变过程，随着时间的增加，应力减小，应变增大，大约在750s时，试件突然发生破坏，应变急剧增大，应力突然下降，继而发生岩爆，如图 4.28c 所示。当 $\alpha=-1$ 时，从启动点到820s 期间，花岗岩处于流变过程，随着时间的增加，应力减小，应变增大，大约在820s时，试件突然发生破坏，应变急剧增大，应力突然下降，继而发生岩爆，如图 4.28d 所示。图 4.29 所示为 $\alpha=-3$ 时广义流变发生破坏，继而发生岩爆的照片。在应力开始下降时刻，记为 0 时刻，试件开始有破裂裂缝，随着时间的增加，在 44s 时，试件边缘开始有非常细小的碎屑剥落。在 0~44s 之间，应力下降，应变缓慢增大，此阶段为岩爆孕育阶段，能量剧烈积累。在 45s 时刻，发生岩爆。大量碎屑和细粉尘开始喷出，首先是细粉尘喷出，随后碎屑开始喷射，试件应力急剧下降，应变突发增大，发生爆裂。在 46s 时发生剧烈岩爆，大量试件碎屑喷射、剥落，喷射最远距离大约离试件轴心 100mm，而较大的碎屑被剥落在本节用广义流变理论和方法来研究岩爆发生的机理、孕育和破坏过程。图 4.28中花岗岩可能发生岩爆的区域为 I 区、蠕变和 II 区，在 I 区中（$\alpha>1$），随着时间的增加，应力增大，应变也增大，当应变积累到一定临界值后，则发生岩爆，并且随着 $\alpha$ 值的增大广义流变曲线越靠近蠕变方向，则可能发生岩爆的时间越短；$\alpha$ 值减小，广义流变曲线越靠近全应力-应变曲线，则可能发生岩爆的时间越长。蠕变试验中，随着时间的增加，蠕变应变增大，当蠕变应变积累到一定临界

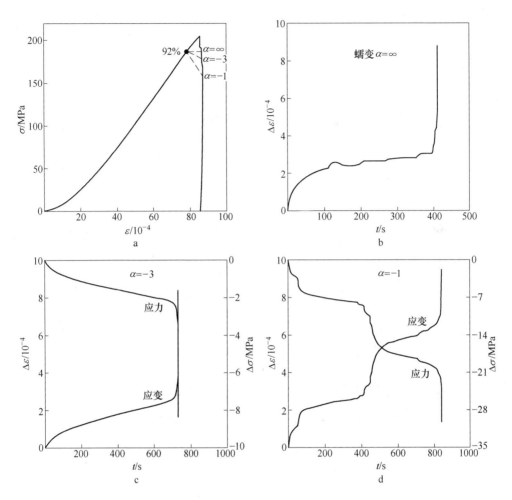

图 4.28 花岗岩广义流变试验结果

a—花岗岩应力应变曲线；b—α=∞（蠕变试验）；c—α=-3；d—α=-1

值后，则发生岩爆。在Ⅱ区中（α<0），随着时间的增加，应力减小，应变增大，当应变积累到一定临界值后，则发生岩爆。并且α值（负值）越小，广义流变曲线越靠近蠕变方向，则可能发生岩爆的时间越短；α值（负值）越大，广义流变曲线朝右斜下方移动，则可能发生岩爆的时间越长。由以上岩爆现象可知，岩爆体现为明显的渐进破坏过程，即"劈裂成碎—剪断成块—块片弹射"的三阶段。47s后岩爆结束，喷射和剥落现象停止。由岩爆端面斜交面以及弹射岩块可以看出，具有明显的擦痕和擦阶，也表明岩爆破坏过程中曾受剪切应力作用，即岩爆破坏机理属于张、剪脆性破坏。岩爆破坏的动力学特征是区别于硐室其他形式脆

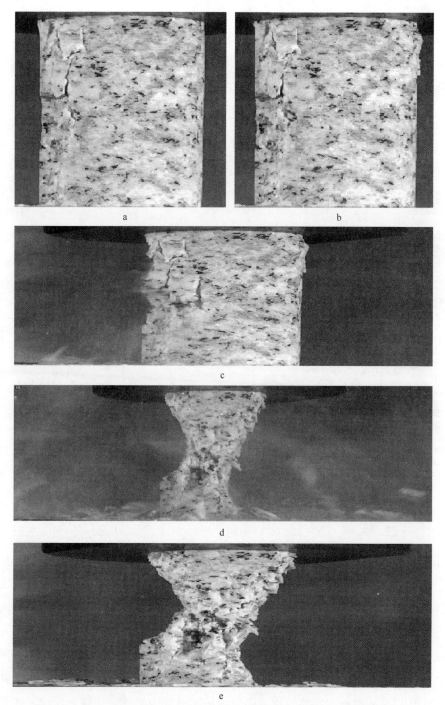

图 4.29  不同时刻花岗岩广义应力松弛破坏图 ($\alpha=-3$)

a—0s；b—44s；c—45s；d—46s；e—47s

性破坏的最显著特征之一，主要包括震动和弹射特征。震动特征：从该试验中可明显看到震动特征，在刚开始阶段，试件轻微震动，伴随着细粉的喷出，慢慢释放出大量碎屑，随机在短时间内能量瞬时释放。强度较弱的岩爆造成的震动一般较弱，强度较大的灾难性岩爆常引起强烈的震动，释放大量能量，使矿山和硐室乃至地表较大范围内的建筑物遭受破坏。弹射特征：由该试验可以看到，岩爆具有明显的弹射特征，初次弹射距离较近，随着能量的剧烈释放，弹射距离较远，并且弹射碎屑呈现以试件轴心为中心的圆形分布。岩爆开始时常发生噼噼啪啪的声音，之后具有较大的清脆的声音，最后突发剧烈震响。本书认为岩爆是"流变—破坏—岩爆"动态演化过程，可用广义流变理论来分析其孕育、发展和发生。

（1）流变。本书认为广义流变属于流变力学范畴，本节对田下凝灰岩、井口砂岩、花岗岩广义流变试验进行了详细的阐述，试验观察了从启动点到破坏点之间所发生的过程，其力学特征和破坏机理符合岩石广义流变特征，蠕变和松弛是广义流变的两种特殊形式。

（2）破坏。在进行广义流变试验时，从启动点开始，进入广义流变的过程，在广义流变理论图中的Ⅰ区、蠕变和Ⅱ区，随着时间的增加，应变总是增加，且当应变增加量积累到一定值后，即发生破坏。随着启动点应力水平越高，发生破坏的时间越短。

（3）岩爆。岩爆一般经历"劈裂成板—剪断成块—块片弹射"三个阶段，属"张-剪"破坏复合的结果，当岩石内部某一方向的应力突然降低造成岩石被破坏时，原岩储存的弹性应变能就会对外释放，释放的能量转化为破裂岩块的动能，进而可能引起岩爆，岩爆也是大量裂纹生成和扩展造成的一种动态破坏过程。理论研究基本上都是以岩石静力学理论为基础的，在解释若干岩爆现象和指导岩爆预测及控制上存在明显的局限。目前，有关岩石动力学方面的研究也引起了人们的关注。普遍认为岩爆是在岩体的静力稳定条件被打破时发生的动力失稳过程。目前各类动力扰动对岩爆事件的孕育及最终发生的贡献还不清楚。本书认为，岩爆首先经历流变过程，处于静态力学状态，随着时间的增加，岩体内部的力和位移不断发生变化，这种现象符合广义流变特征。当位移达到临界值后，这种静态平衡力学状态被打破，从而发生破坏，对于脆性岩石，最终可发展到岩爆。其孕育、发展和发生过程是"流变—破坏—岩爆"动态演化的结果。采用广义流变理论和方法，研究脆性岩石在不同方向系数下"流变—破坏—岩爆"的动态演化规律，分析岩石广义流变动态力学特征，对剥落、弹射的岩块进行

SEM 电镜扫描观察，研究不同方向系数下岩爆的动态力学效应，用广义流变揭示岩爆孕育过程、发生机理和动态效应，阐明广义流变的力学机制，预测岩爆发生的时间，对指导地下工程具有非常重要的意义。

### 4.7.2　广义流变-速率效应

图 4.30 所示为 I 类岩石（田下凝灰岩）和 II 类岩石（井口砂岩）荷载速率依存性和广义流变特性的关系图，图中四个实线是田下凝灰岩和井口砂岩在 $10^{-3}/s$、$10^{-4}/s$、$10^{-5}/s$、$10^{-6}/s$ 四个速率下的全应力-应变曲线，三角形 △ 表示的是加载速率增大 10 倍后的破坏强度 $\sigma_c$，四个速率下破坏应变和破坏强度具有相同的荷载速率依存性。本节选取了 80% 应力水平田下凝灰岩和井口砂岩不同 $\alpha$ 下的广义流变试验数据进行分析，随着时间的增加，蠕变曲线将和四个速率下的全应力-应变峰后曲线相交，即当荷载速率增大 10 倍时，蠕变速率也将增大 10 倍[85]。图中虚线表示在 $10^3 s$、$10^4 s$、$10^5 s$ 时不同方向系数下广义流变的应力、应变点的连线图，即等时线（10 倍），在峰前区域，I 类岩石（田下凝灰岩）和 II 类岩石（井口砂岩）等时线呈一条直线，可被认为是四个速率下的全应力-应变曲线向内的收缩线，表明可以通过广义流变的松弛时间来预测地下工程的寿命。

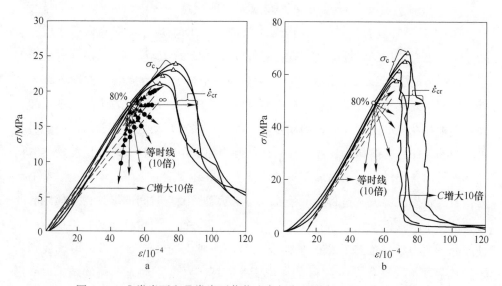

图 4.30　I 类岩石和 II 类岩石荷载速率与广义流变（80% 应力水平）

a—田下凝灰岩；b—井口砂岩

# 5  岩石可变模量本构方程

岩石具有较强的非线性特性，同时岩石流变特性也是岩石重要的力学性质，岩土工程的稳定性和岩石流变特性紧密相关。国内外学者提出和建立了许多具有理论意义和实用价值的岩石非线性本构模型，但绝大多数模型都只能反映岩石非线性和流变试验特性的局部，极难做到既能表现岩石变形破坏的全过程，又能描述荷载速率依存性、杨氏模量速率依存性和广义流变特性。在荷载速率依存性、加卸载试验、蠕变试验、松弛试验等方面研究成果的基础上[74~77]，提出了弹簧模型可变模量本构方程，该方程能较好地描述岩石的非线性黏弹性特性的优点，并且在恒定应力速率、恒定应变速率、蠕变和松弛条件下都具有解析解。但该模型没有把弹性应变和非弹性应变分离，不能解释杨氏模量的荷载速率依存性，且不能模拟低应力水平下的广义流变特性。针对现有模型的不足，考虑用非线性 Maxwell 模型及考虑非弹性应变的可变模量本构方程来计算岩石广义流变特性。

## 5.1  非线性黏弹性可变模量本构方程构建

在解决岩石的黏弹性问题上，虽然考虑了黏弹性和时间相关性的力学模型很多，例如 Maxwell 模型、Kelvin 模型等，但这些模型仅局限于解决线性黏弹性问题。按是否考虑岩石时间效应来区分可以分为两大类：一类为不考虑时间效应的本构模型，包括弹性模型、非线性弹性模型、弹塑性模型等；另一类为考虑时间效应的本构模型，包括黏弹性模型、黏弹塑性模型等。

S. Okubo[76,77] 在有关模型和大量试验基础上提出了基于弹簧模型的非线性黏弹性可变模量本构方程，如图 5.1 及式（5.1）和式（5.2）所示。该本构方程的特点是能较好地描述岩石的非线性黏弹性特性，并且具有解析解。

$$\varepsilon = \lambda\sigma \tag{5.1}$$

$$\frac{\mathrm{d}\lambda}{\mathrm{d}t} = a\lambda^m\sigma^n \tag{5.2}$$

式中　$\lambda$——可变模量，因此称为可变模量本构方程式；

$\sigma$——应力；

$\varepsilon$——应变；

$a$——常数；

$t$——时间；

$m$——表示应力-应变曲线形状的参数，$-\infty < m < +\infty$；

$n$——表示载荷速度效应的参数，$1 \leqslant n < +\infty$；当 $n=1$ 时，$\mathrm{d}\lambda/\mathrm{d}t$ 与应力 $\sigma$ 成正比，则与牛顿黏性体相同；当 $n>1$ 时，表示一般黏性体。

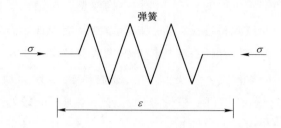

图 5.1　非线性 Spring 模型（#1）

在此仅讨论 $n>1$ 时，即非线性黏弹性体的情况。这里定义了一个不同于杨氏模量 $E$ 的可变模量 $\lambda$，其出发点主要有以下三点：

（1）通常所说的杨氏模量 $E$（Young's modulus），在压缩试验的应力-应变曲线上，一般应用于破坏强度点以前的区域。为了便于论及破坏强度点以后的岩石特性，故在本构方程式中采用了广义意义上的模量 $\lambda$，简称模量（Compliance）。

（2）在数式的解析过程中，用 $\lambda$ 来表示后有较多的方便之处。

（3）在进行有限元数值计算时，可变模量在描述岩石破坏特性和时间效应方面非常适用[23]。

基于 Spring 模型的可变模量本构方程，能较好地描述岩石的非线性黏弹性特性，优点是在恒定应力速率、恒定应变速率、蠕变和松弛条件下都具有解析解，能求解得到强度荷载速率模型、杨氏模量荷载速率模型和蠕变破坏寿命模型，但其存在如下不足：

（1）该本构方程只有一个弹簧元素，仅仅考虑的是弹性应变，没有考虑非弹性应变。

（2）该模型未考虑非弹性应变，不能完整地解释杨氏模量的荷载速率依存性。风干和饱水状态下杨氏模量具有较大的差异，其主要原因是由岩石的非弹性应变引起的[77]，从而该本构模型也无法解释风干和饱水条件下杨氏模量的变化。

（3）该本构方程不能模拟斜率为正的Ⅱ类岩石曲线，对低应力水平下的流变特性的模拟也比较困难。

### 5.1.1  非线性 Maxwell 模型

在 Sping 模型的基础上添加阻尼器，即得到非线性 Maxwell 模型，如图 5.2 所示。弹簧表示可恢复的弹性应变，即使弹簧的系数随时间发生变化，但其影响也很有限。阻尼器表示不可恢复的非弹性应变，一般情况下其黏度系数或者变形的难易程度随时间发生变化，为简单起见，不考虑塑性变形[75~77]。

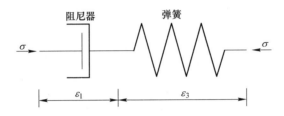

图 5.2  非线性 Maxwell 模型（#2）

本节在式（5.1）、式（5.2）基础上首次提出如下可变模量本构方程，方程如下：

$$\varepsilon = \varepsilon_1 + \varepsilon_3 \tag{5.3}$$

$$\frac{d\varepsilon_1}{dt} = a_1 \varepsilon_1^{-m_1} \sigma^{n_1} \tag{5.4}$$

$$\varepsilon_3 = \lambda\sigma \tag{5.5}$$

$$\frac{d\lambda}{dt} = (a_1 \lambda^{-m_1} + a_3 \lambda^{m_3})\sigma^{n_3} \tag{5.6}$$

式中　$\lambda$——图 5.2 弹簧的可变模量，初值等于弹簧弹性系数的倒数；

　　$t$——时间；

　　$\varepsilon$——应变；

　　$\sigma$——应力。

参数范围为：$a_1 > 0$，$a_3 > 0$，$+\infty > m_1 > -\infty$，$+\infty > m_3 > -\infty$，$n_1 \geqslant$

$1$，$n_3 \geqslant 1$。当 $n_1 = n_3 = 1$ 时，是牛顿黏性体，$n_1 > 1$、$n_3 > 1$ 时，表示的是一般黏性体。

对该本构模型的改进及其优点如下：

（1）基于非线性 Maxwell 模型可变模量本构方程，将弹性应变和非弹性应变进行分离，对岩石流变试验的分析十分明了，且能解释杨氏模量荷载速率依存性。

（2）可变模量 $\lambda$ 表示试件破坏的程度，即在全应力-应变曲线峰前区域 $\lambda$ 值很小，式（5.6）中 $a_1 \lambda^{-m_1}$ 值占主体；在峰后区域 $\lambda$ 值变大，式（5.6）中 $a_3 \lambda^{m_3}$ 值占主体，从而该本构方程既能描述全应力-应变峰后斜率为正的曲线，也能描述全应力-应变峰后斜率为负的曲线，同时还能描述蠕变第三阶段曲线和广义流变曲线。

（3）能够得到考虑非弹性应变的强度荷载速率关系模型、杨氏模量荷载速率关系模型，对岩石模量的变化和非弹性应变的变化统一用可变模量来表现，在蠕变和恒定应力速率条件下具有解析解，可用于不同荷载条件下试验的解析分析，由于使用了可变模量，从而能够描述不同岩石的流变试验，如荷载速率效应、蠕变试验、应力松弛和广义流变试验等，在有限元计算中应用十分方便。

（4）该本构方程中的参数具有一定的物理意义，并可通过试验来确定，参数 $n_1$ 之前一直没有找到合理的求解方法，在以前的计算中，假设 $n_1$ 来进行数值计算及模拟。本节创新性地对该本构方程中参数 $n_1$ 通过杨氏模量荷载速率试验进行了求解，成功地解决了之前未能解决的问题。

（5）该本构方程既能模拟 I 类岩石又能模拟 II 类岩石的各种流变试验，求解了杨氏模量荷载速率模型、强度荷载速率模型和蠕变破坏寿命模型。广义流变破坏寿命模型没有解析解，其数值解将作为未来研究的课题。

### 5.1.2　可变模量本构方程解析

#### 5.1.2.1　蠕变应变

设 $\sigma_{\mathrm{cr}}$ 为蠕变应力水平，$\varepsilon_{\mathrm{cr}}$ 为蠕变应变，由式（5.3）~式（5.6）求得蠕变应变为式（5.7）：

$$\varepsilon_{\mathrm{cr}} = \left[ \alpha_1 (m_1 + 1) \sigma_{\mathrm{cr}}^{n_1} \right]^{\frac{1}{m_1+1}} \cdot t^{\frac{1}{m_1+1}} \quad (m_1 \neq -1) \tag{5.7}$$

### 5.1.2.2 蠕变寿命

对式（5.6）数值积分，得到蠕变寿命，如式（5.8）所示：

$$t_F \approx \frac{1}{m_3 - 1} \cdot \frac{1}{\alpha_3 \lambda_0^{m_3 - 1} \sigma_{cr}^{n_3}} \quad (m_3 > 1) \tag{5.8}$$

式中　$t_F$——蠕变寿命；

　　$\sigma_{cr}$——蠕变应力水平；

　　$\lambda_0$——可变模量初值。

### 5.1.2.3 破坏强度

对式（5.6）数值积分，得到破坏强度，如式（5.9）所示：

$$\sigma_c \approx \left(\frac{n_3 + 1}{m_3 - 1}\right)^{\frac{1}{n_3 + 1}} \lambda_0^{\frac{1 - m_3}{n_3 + 1}} \left(\frac{C}{a_3}\right)^{\frac{1}{n_3 + 1}} \quad (m_3 > 1) \tag{5.9}$$

式中　$\sigma_c$——破坏强度；

　　$\lambda_0$——可变模量初值；

　　$C$——加载速率。

### 5.1.2.4 杨氏模量

对式（5.4）积分，得到式（5.10）；对式（5.6）数值积分，得到式（5.11）：

$$\varepsilon_1 = \left[\frac{a_1(m_1 + 1)}{C(n_1 + 1)}\right]^{\frac{1}{m_1 + 1}} \cdot \sigma^{\frac{n_1 + 1}{m_1 + 1}} \tag{5.10}$$

$$\varepsilon_3 = \left[\frac{a_3(1 - m_3)}{C(n_3 + 1)} \cdot \sigma^{n_3 + 1} + \lambda_0^{1 - m_3}\right]^{\frac{1}{1 - m_3}} \cdot \sigma \tag{5.11}$$

记：

$$F(\sigma) = \left[\frac{a_3(1 - m_3)}{C(n_3 + 1)} \cdot \sigma^{n_3 + 1} + \lambda_0^{1 - m_3}\right] \tag{5.12}$$

则有：

$$\sigma = \left[\frac{C(n_3 + 1)}{a_3(m_3 - 1) \cdot \lambda_0^{m_3 - 1}}\right]^{\frac{1}{n_3 + 1}} \tag{5.13}$$

对式 (5.10) 和式 (5.5) 求 $\sigma$ 导数，得到式 (5.14) 和式 (5.15)：

$$\frac{d\varepsilon_1}{d\sigma} = \left[\frac{a_1(m_1 + 1)}{C(n_1 + 1)} \cdot \left(\frac{n_1 + 1}{m_1 + 1}\right)^{m_1 + 1}\right]^{\frac{1}{m_1 + 1}} \cdot \sigma^{\frac{n_1 - m_1}{m_1 + 1}} \tag{5.14}$$

$$\frac{d\varepsilon_3}{d\sigma} = \lambda_0 \tag{5.15}$$

式 (5.13) 的 50% 峰值强度为式 (5.16)：

$$\sigma_{50} = 0.5 \cdot \left[\frac{C(n_3 + 1)}{a_3(m_3 - 1) \cdot \lambda_0^{m_3 - 1}}\right]^{\frac{1}{n_3 + 1}} \tag{5.16}$$

由式 (5.14) ~式 (5.16) 得到式 (5.17)：

$$\frac{d\varepsilon}{d\sigma} = \left[\frac{a_1(m_1 + 1)}{C(n_1 + 1)}\right]^{\frac{1}{m_1 + 1}} \cdot \left(\frac{n_1 + 1}{m_1 + 1}\right) \cdot \sigma_{50}^{\frac{n_1 - m_1}{m_1 + 1}} + \lambda_0 \tag{5.17}$$

从而得到杨氏模量，如式 (5.18) 所示：

$$E = \frac{d\sigma}{d\varepsilon} = \frac{1/\lambda_0}{1 + (A'/\lambda_0) \cdot C^{n'}} \tag{5.18}$$

式中，$A' = a_1^{\frac{1}{m_1 + 1}}\left(\frac{n_1 + 1}{m_1 + 1}\right)^{\frac{m_1}{m_1 + 1}} \cdot \left\{0.5 \cdot \left[\frac{n_3 + 1}{a_3(m_3 - 1) \cdot \lambda_0^{m_3 - 1}}\right]^{\frac{1}{n_3 + 1}}\right\}^{\frac{n_1 - m_1}{m_1 + 1}}$，$n' = \frac{n_1 - m_1 - n_3 - 1}{(n_3 + 1)(m_1 + 1)}$。

### 5.1.2.5　恒定应力速率

由于 $d\sigma/dt = C$，$C$ 是加载速率，其单位为 $1/s$，其非弹性应变（$\varepsilon_1$）和总应变（$\varepsilon$）如下：

当 $m_1 \neq -1$，$m_3 \neq 1$ 时，

$$\varepsilon_1 = \left[\frac{a_1(m_1 + 1)}{C(n + 1)}\right]^{\frac{1}{m_1 + 1}} \cdot \sigma^{\frac{n + 1}{m_1 + 1}} \tag{5.19}$$

$$\varepsilon = \left[\frac{a_1(m_1 + 1)}{C(n_1 + 1)}\right]^{\frac{1}{m_1 + 1}} \cdot \sigma^{\frac{n_1 + 1}{m_1 + 1}} + \left[\frac{a_3(1 - m_3)}{C(n_3 + 1)}\sigma^{n_3 + 1} + \lambda_0^{1 - m_3}\right]^{\frac{1}{1 - m_3}} \cdot \sigma \tag{5.20}$$

当 $m_1 \neq -1$，$m_3 = 1$ 时，

$$\varepsilon_1 = \left[\frac{a_1(m_1 + 1)}{C(n + 1)}\right]^{\frac{1}{m_1 + 1}} \cdot \sigma^{\frac{n + 1}{m_1 + 1}} \tag{5.21}$$

$$\varepsilon = \left[\frac{a_1(m_1 + 1)}{C(n_1 + 1)}\right]^{\frac{1}{m_1+1}} \cdot \sigma^{\frac{n_1+1}{m_1+1}} + \exp\left[\frac{a_3\sigma^{n_3+1}}{C(n_3 + 1)} + \ln\lambda_0\right] \cdot \sigma \tag{5.22}$$

当 $m_1 = -1$，$m_3 \neq 1$ 时，非弹性应变为 0，总应变如下：

$$\varepsilon = \left[\frac{a_3(1 - m_3)}{C(n_3 + 1)}\sigma^{n_3+1} + \lambda_0^{1-m_3}\right]^{\frac{1}{1-m_3}} \cdot \sigma \tag{5.23}$$

当 $m_1 = -1$，$m_3 = 1$ 时，非弹性应变为 0，总应变如下：

$$\varepsilon = \exp\left[\frac{a_3\sigma^{n_3+1}}{C(n_3 + 1)} + \ln\lambda_0\right] \cdot \sigma \tag{5.24}$$

式（5.6）中右边第一项 $a_1\lambda^{-m_1}$ 的值很小，假设为 0，则可直接进行积分求解，如式（5.25）所示：

$$(n_3 + 1)\int_{\lambda_0}^{\lambda}\frac{\mathrm{d}\lambda}{f(\lambda)} = \left[\frac{\sigma}{(\mathrm{d}\sigma/\mathrm{d}t)^{1/(n_3+1)}}\right]^{n_3+1} \tag{5.25}$$

初值 $t \in [0, t]$，$\lambda \in [\lambda_0, \lambda]$，$\varepsilon^* = \lambda\sigma^*$，$\varepsilon^*$ 和 $\sigma^*$ 表示归一化的应变和应力：

$$\sigma^* = \frac{\sigma}{(\mathrm{d}\sigma/\mathrm{d}t)^{1/(n_3+1)}} \tag{5.26}$$

则可得到：

$$\Delta\varepsilon^* = \alpha \cdot \Delta\sigma^* \tag{5.27}$$

假设：

$$\varepsilon^* = \frac{\varepsilon}{(\mathrm{d}\sigma/\mathrm{d}t)^{1/(n_3+1)}} \tag{5.28}$$

从而得到：

$$\varepsilon^* = \lambda(\sigma^*)\sigma^* \tag{5.29}$$

恒定应变速率下同样可得到式（5.29）的结果，即可变模量 $\lambda(\sigma^*)$ 仅仅和应力水平 $\sigma^*$ 有关，而总应变也仅仅和应力水平 $\sigma^*$ 有关。

对非弹性应变 $\varepsilon_1$ 求解方法同上，即在恒定应力速率下，$t \in [0, t]$，$\varepsilon_1 \in [0, \varepsilon_1]$，可得到：

$$(n_1 + 1)\int_{0}^{\varepsilon_1}\frac{\mathrm{d}\varepsilon_1}{f(\varepsilon_1)} = \left[\frac{\sigma}{(\mathrm{d}\sigma/\mathrm{d}t)^{1/(n_1+1)}}\right]^{n_1+1} \tag{5.30}$$

同理，可得到：

$$\varepsilon_1^* = \varepsilon_1^*(\sigma^*) \tag{5.31}$$

其中，$\sigma^* = \dfrac{\sigma}{(\mathrm{d}\sigma/\mathrm{d}t)^{1/(n_3+1)}}$，$\varepsilon_1^* = \dfrac{\varepsilon_1}{(\mathrm{d}\sigma/\mathrm{d}t)^{1/(n_3+1)}}$。

上式表明，非弹性应变 $\varepsilon_1$ 仅仅与应力水平 $\sigma^*$ 有关，与荷载速率 $C$ 等无关，即非弹性应变 $\varepsilon_1$ 没有荷载速率依存性。当速率变为高速率时，弹性应变增大，而非弹性应变不发生改变，即杨氏模量的荷载速率效应主要是由弹性应变引起的。

## 5.2　可变模量本构方程参数求解

### 5.2.1　参数功能

$a_1$ 是控制 $\varepsilon_1$ 变化速度的常数，其值越大变形速率越大；$n_1$ 是荷载速率依存性常数；$m_1$ 是表示随变形增加，变形困难程度的系数；$n_3$ 同 $n_1$ 一样，是荷载速率依存性常数，值越大，非线性越高；$m_3$ 是表示破坏急剧变化常数（形状参数），其值很大时，应力在强度破坏点后急剧下降；$a_3$ 是决定峰值强度的参数，其功能如图5.3所示。

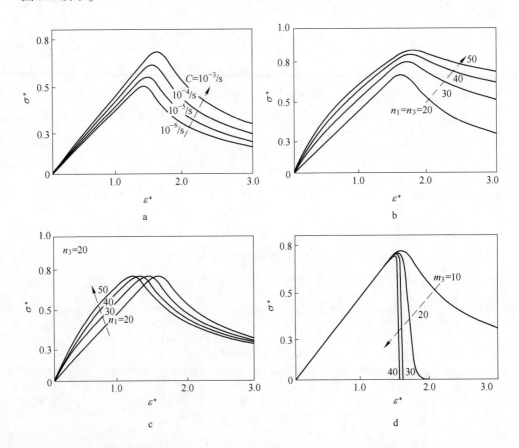

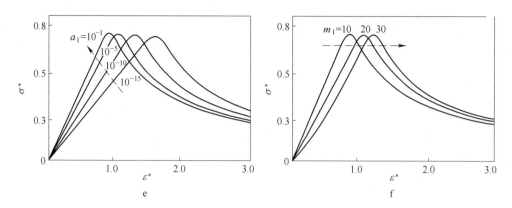

图 5.3 参数作用及功能

a—加载速率影响；b—$n_1 = n_3$ 影响；c—$n_3$ 影响；d—$m_3$ 影响；e—$a_1$ 影响；f—$m_1$ 影响

## 5.2.2 参数求解方法

### 5.2.2.1 参数 $n_3$ 求法

由式（5.9）推导得到式（5.32）和式（5.33）。

$$\sigma \approx AC^{\frac{1}{n_3+1}} \tag{5.32}$$

式中，$A = \left[ \dfrac{n_3 + 1}{a_3(m_3 - 1)\lambda_0^{m_3-1}} \right]^{\frac{1}{n_3+1}}$。

$$\frac{\sigma_2}{\sigma_1} = \left( \frac{C_2}{C_1} \right)^{\frac{1}{n_3+1}} \tag{5.33}$$

式中　$C_2$——高速率；

$\quad$ $C_1$——低速率；

$\quad$ $\sigma_2$——高速率强度；

$\quad$ $\sigma_1$——低速率强度。

参数 $n_3$ 可由恒定荷载速率试验通过式（5.25）计算得到；或由交替荷载速率试验分别得到高低速率下（$C_2$、$C_1$）的峰值强度（$\sigma_2$、$\sigma_1$），用式（5.33）得到。

以往很多学者研究的是峰值强度的荷载速率依存性，用应变速率 $C_1$ 和 $C_2$ 进行了试验，又分别把峰值强度作为 $\sigma_{p1}$ 和 $\sigma_{p2}$ 代入式（5.33）并求得 $n_3$ 值。不同类型岩石的强度是不同的，所以一般是同一应变速率下做 5 次以上的试验。而且，通过这种试验方法只能求得峰值强度的应力依存性 $n_3$ 值。Hashiba 等人[14,15]在试验过程中，用交替荷载速率 $C_1$ 和 $C_2$，通过一个试件就得到了两个应变速率下的全应力-应变曲线。如图 5.4 曲线 1 所示。峰值强度以后的应力-应变曲线斜率较小时，读取同一变形的应力，记为 $\sigma_{p1}$ 和 $\sigma_{p2}$，若用式（5.33）表示，则是 $\sigma_{p1} = \sigma_1$，$\sigma_{p2} = \sigma_2$，代入式（5.33），可求得峰值强度以后领域的 $n_3$ 值。Hashiba 等人[86]之后又做了进一步研究，如图 5.4 曲线 2 所示，探讨了峰值强度以后的应力-应变曲线急剧下降时的情况。根据研究结果，与卸载直线相同斜率的直线相交于两点，把这两点的应力记为 $\sigma_{p1}$ 和 $\sigma_{p2}$，则有 $\sigma_{p1} = \sigma_1$，$\sigma_{p2} = \sigma_2$，代入式（5.33），可求得峰值强度以后应力急剧下降领域的 $n$ 值。总结以往一系列的研究成果[15,86]，$n_3$ 值都是从峰值强度的荷载速率依存性这一方面求应力依存性常数 $n_3$，这说明决定时间依存性的基本原理很可能是相同的。在此之前无法求 $n_3$ 是因为峰值强度以前基本上是应力水平 50% 以下的领域，这个领域中，荷载速率不同时，应力-应变曲线的差异很小，所以求 $n_3$ 是很困难的。峰值强度以后，如图 5.4 曲线 3 所示，是应力急剧下降的情况，这种情况下，本来就无法进行交替荷载速率的试验。本节对应力-应变曲线峰前、峰值和峰后区域的荷载速率依存性常数 $n_3$ 做如下全面阐述：

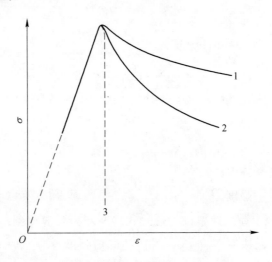

图 5.4　荷载速率依存性应力-应变曲线概略图

（实线表示 $n$ 已知区域，虚线表示 $n$ 未知区域）

A  峰值处荷载速率依存性常数

$\sigma_2$ 表示高速率的破坏强度；$\sigma_1$ 表示低速率的破坏强度，通过式（5.33）计算峰值点的强度荷载速率依存性系数 $n_3$。

B  峰前区域荷载速率依存性常数

本节提出了峰前区域荷载速率依存性常数的三种求法，如图 5.5 所示，$A$ 点为高速率峰前曲线上的任一点。

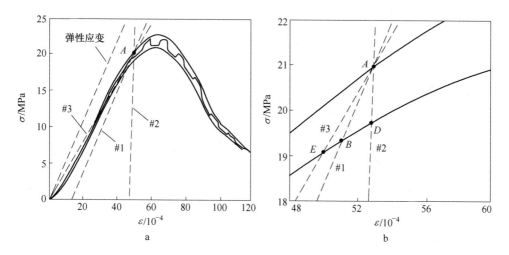

图 5.5  峰前区域三种荷载依存性 $n_3$ 常数求法

a—概略图；b—放大图

第一种方法（#1）：过 $A$ 点做平行于弹性应变的直线，与低速率应力应变相交于 $B$ 点，$\sigma_A$ 表示 $A$ 点的应力，$\sigma_B$ 表示 $B$ 点的应力，$C_2$ 表示快加载速率，$C_1$ 表示慢加载速率，根据式（5.33）转换得到式（5.34）：

$$\frac{\sigma_A}{\sigma_B} = \left(\frac{C_2}{C_1}\right)^{\frac{1}{n_3+1}} \tag{5.34}$$

在图 5.2 非线性 Maxwell 模型中阻尼器的变形相等，并且弹簧的弹簧系数相等的情况下，因为卸载直线的斜率在达到峰值强度以前无变化，所以峰值强度以前弹簧的弹性系数相等这一条件是满足的。因此，利用阻尼器的变形求出相同两点（$A$ 点和 $B$ 点）是可行的。由图 5.6 可知，$A$ 点和 $B$ 点阻尼器的变形相等，定义 $K_1$ 和 $K_2$。

$$\sigma_A/\sigma_D = K_1 \tag{5.35}$$

$$K_{BA}/K_{BD} = K_2 \tag{5.36}$$

式中   $\sigma_A$ ——$A$ 点处的应力；

　　　$\sigma_D$ ——$D$ 点处的应力；

　　　$K_{BA}$ ——直线 $BA$ 的斜率（弹性应变直线斜率）；

　　　$K_{BD}$ ——直线 $BD$ 的斜率。

可求解如下：

$$\sigma_A/\sigma_B = K_1(1 - K_2)/(K_1 - K_2) \tag{5.37}$$

联立式（5.33）和式（5.37），可得：

$$\sigma_A/\sigma_B = K_1(1 - K_2)/(K_1 - K_2) = (C_2/C_1)^{1/n_1 + 1} \tag{5.38}$$

式（5.38）用来最终精确求解 $n_3$ 值。

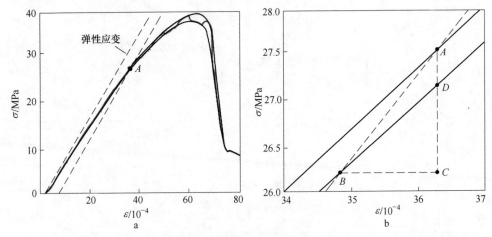

图 5.6　峰前第一种求 $n_3$ 的方法

a—概略图；b—放大图

第二种方法（#2）：过 $A$ 点做垂直于横轴且与低速率应力-应变曲线相交于 $D$ 点，$\sigma_2$ 表示 $A$ 点的应力，$\sigma_1$ 表示 $D$ 点的应力，$C_2$ 表示快加载速率，$C_1$ 表示慢加载速率，求解过程和第一种方法（#1）类似，可通过式（5.31）来求解荷载速率依存系数 $n_3$ 值。

第三种方法（#3）：做过 $A$ 点和原点的直线，与低速率应力-应变曲线相交于 $E$ 点，$\sigma_2$ 表示 $A$ 点的应力，$\sigma_1$ 表示 $B$ 点的应力，$C_2$ 表示快加载速率，$C_1$ 表示慢加载速率，求解过程和第一种方法（#1）类似，可通过式（5.38）来求解荷载速率依存系数 $n_3$ 值。

三种方法中，第二种方法求解的 $n_3$ 值最大，第三种方法求解的 $n_3$ 值最小，

且峰前随着 $A$ 点应力水平的降低，三种方法求解的 $n_3$ 值将都变大，从而表示荷载速率依存性越不明显。

**C 峰后区域荷载速率依存性常数**

峰后区域荷载速率依存性，Ⅰ类岩石由于应变软化，可通过图 5.5 中的三种方法来求解；对于Ⅱ类岩石，由于峰后应力急剧下降，并且出现斜率为正的曲线，同时，残余强度应力应变曲线趋于稳定，求解 $n_3$ 值是个难题。可通过峰前相类似的三种方法，如图 5.7 所示。

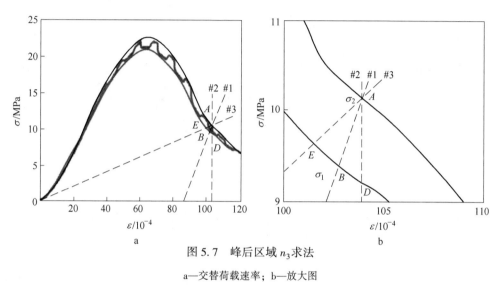

图 5.7　峰后区域 $n_3$ 求法

a—交替荷载速率；b—放大图

#### 5.2.2.2 参数 $n_1$

基于 Maxwell 模型的可变模量本构方程，之前由于未能找到适合求解参数 $n_1$ 的方法，故 $n_1$ 假设等于 $n_3$。本书选用杨氏模量的荷载速率依存性求解参数 $n_1$ 的值，即通过式（5.18）来获得。

#### 5.2.2.3 参数 $m_1$

由式（5.7）可知蠕变应变随着时间的 $1/(m_1+1)$ 幂次次方而增加，从而 $m_1$ 可由蠕变试验求得。

根据 S. Okubo[87]所述，蠕变应变可以预测，即与时间的 $n_1/(m_1+1)$ 成正比，并且对大多数岩石，其范围如下：

$$1 < n_1/(m_1+1) < 3 \tag{5.39}$$

　　如果是低荷载条件下，假设模量 $\lambda$ 维持在初始值 $\lambda_0$，那么从式（5.20）和式（5.22）中得到，如果 $(n_1 + 1)/(m_1 + 1) = 1$，那么 $\varepsilon$ 和 $\sigma$ 相互成正比，并且应力-应变曲线变成一条直线。由于岩石具有黏弹性和时间依存性，从而可认为 $(n_1 + 1)/(m_1 + 1)$ 大约在如下范围内：

$$0.7 \leqslant (n_1 + 1)/(m_1 + 1) \leqslant 1.3 \tag{5.40}$$

### 5.2.2.4　参数 $m_3$

　　理论上，$m_3$ 也可从其他试验中计算得到，但是比较困难。通过恒定应变速率试验得到全应力-应变曲线，$m_3$ 和峰后应力-应变曲线斜率相关。图 5.8 阐述了一种较简单求解 $m_3$ 值的方法。$B$ 点是在 50% 峰值强度处的应力-应变曲线上的点，过 $B$ 点做应力-应变曲线的切线，该切线和过峰值点的水平线（$\sigma = \sigma_c$）相交于 $A$ 点。以 $A$ 点为圆心，以 $AB$ 长为半径做圆，和峰后应力-应变曲线相交于 $C$ 点。$\theta$ 是 $AB$ 切线与 $X$ 轴的夹角，$\alpha'$ 是直线 $AC$ 和水平线（$\sigma = \sigma_c$）的夹角，设存在 $\alpha$ 角，其值如式（5.41）所示：

$$\alpha = \arctan(\tan\alpha'/\tan\theta) \tag{5.41}$$

　　当 $\theta = 45°$ 时，$\alpha = \alpha'$。$\alpha$ 和 $m/n$ 关系如图 5.8b 所示，从而通过恒定应变速率试验曲线形状可求解得到 $m_3$ 值。

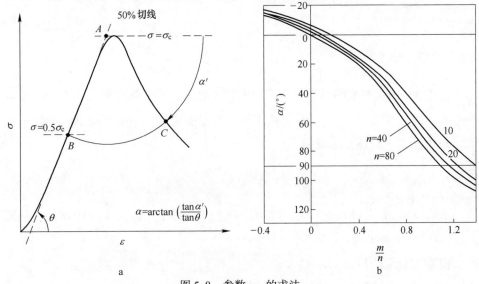

图 5.8　参数 $m_3$ 的求法

a—$\sigma$-$\varepsilon$ 关系；b—$\alpha$-$\dfrac{m}{n}$ 关系

**5.2.2.5  参数 $a_3$**

$a_3$ 决定峰值强度，在数值计算中，这个值取为 1。

**5.2.2.6  参数 $a_1$**

$a_1$ 决定 Maxwell 模型中阻尼器的变形速度，其值越大，变形速度越大。通过蠕变试验，可由式（5.7）来求解参数 $a_1$。

# 6 岩石广义流变数值模拟

## 6.1 岩石广义流变计算参数

选择用第 5 章提到的非线性 Spring 可变模量本构方程（#1）和作者构建的非线性 Maxwell 可变模量本构方程（#2）来计算模拟田下凝灰岩、井口砂岩广义流变试验结果。用#2 模型来计算模拟 F. Fukui 等人进行的河津凝灰岩、三城目安山岩广义流变试验结果[71]，按 5.2.2 节所述方法计算的四种岩石具体参数值（括弧内为单轴拉伸条件下的参数值）如下。

### 6.1.1 田下凝灰岩和井口砂岩计算参数

$n_3$：根据两种岩石交替荷载速率强度值，用式（5.33）计算得到四种岩石具体参数值，其值分别为 45(46)、35。

$n_1$：由式（5.18）得到两种岩石具体参数值，其值分别为 45(46)、40。

$m_1$：由式（5.39）和式（5.40）得到两种岩石具体参数值，其值分别为 68(20)、50。

$m_3$：由式（5.41）和图 5.8 峰后曲线斜率，得到两种岩石具体参数值，其值分别为 30(40)、33。

$a_1$：由式（5.7）知两种岩石参数值分别为 $10^{-1}(10^{-4})$、$10^{-5}$。

$a_3$：为了方便，在数值计算中其值取为 1。

### 6.1.2 河津凝灰岩和三城目安山岩计算参数

根据 S. Okubo[76~78] 和 Hashiba[88] 对河津凝灰岩的试验结果，计算得到 $n_3 = 60$；河津凝灰岩没有执行杨氏模量荷载速率依存性试验，假设 $n_1 = n_3 = 60$；由式（5.39）知 $1 < n_1/(m_1 + 1) < 3$，即 $19 < m_1 < 59$。由式（5.40）知 $0.7 \leqslant (n_1 + 1)/(m_1 + 1) \leqslant 1.3$，即 $46.9 \leqslant m_1 \leqslant 87.14$，从而可推导得到 $45.9 \leqslant m_1 < 59$，在数值计算时，与 $a_1$ 搭配既能模拟全应力-应变曲线，又能很好地模拟广义

流变曲线，最终选取 $m_1 = 50$ 用来数值计算；假设 $m_3 = 0.6$，$n_3 = 36$ 时能较好地模拟试验结果；参数 $a_1 = 10^{-1}$ 与 $m_1$ 值搭配较好；数值计算中 $a_3 = 1$，最后乘以比例系数以便与实际峰值强度相符。

根据 S. Okubo[83] 的三城目安山岩试验结果，计算得到 $n_3 = 37$；三城目安山岩没有进行杨氏模量荷载速率依存性试验，假设 $n_1 = n_3 = 37$；由式（5.39）知 $1 < n_1/(m_1 + 1) < 3$，即 $12 < m_1 < 36$。由式（5.40）知 $0.7 \leqslant (n_1 + 1)/(m_1 + 1) \leqslant 1.3$，即 $26.6 \leqslant m_1 \leqslant 49.4$。从而可推导得到 $26.6 \leqslant m_1 < 36$，将 $m_1$ 设为 37；设 $m_3$ 为 42 能较好的模拟试验结果；参数 $a_1 = 10^{-12}$ 与 $m_1$ 值搭配较好；数值计算中 $a_3 = 1$。

## 6.2 岩石广义流变计算结果

### 6.2.1 田下凝灰岩广义流变

用基于 Spring 的可变模量本构方程（#1）和基于 Maxwell 模型的可变模量本构方程（#2）对田下凝灰岩广义流变进行数值计算，其中的 6 个参数值见表 6.1。

表 6.1 四种岩石计算参数值

| 岩石 | 试验值 | | | 计算参数 | | | | | | | 初值 |
| --- | --- | --- | --- | --- | --- | --- | --- | --- | --- | --- | --- |
| | 荷载条件 | $\sigma_p$ /MPa | $E$ /GPa | $a_1$ | $a_3$ | $n_1$ | $n_3$ | $m_1$ | $m_3$ | $\varepsilon_1$ | $\lambda$ |
| 田下凝灰岩 | 压缩 | 22.53 | 4.55 | $10^{-1}$ | 1 | 60 | 45 | 68 | 30 | 0 | 1 |
| | 拉伸 | 2.19 | 4.19 | $10^{-4}$ | 1 | 46 | 46 | 20 | 40 | 0 | 1 |
| 河津凝灰岩 | 压缩 | 38.2 | 6.6 | $10^{-1}$ | 1 | 60 | 60 | 50 | 36 | 0 | 1 |
| 三城目安山岩 | 压缩 | 77.8 | 11 | $10^{-12}$ | 1 | 37 | 37 | 37 | 42 | 0 | 1 |
| 井口砂岩 | 压缩 | 63.58 | 12.42 | $10^{-5}$ | 1 | 40 | 35 | 50 | 33 | 0 | 1 |

注：$\sigma_p$ 为破坏强度，$E$ 为弹性模量。

#### 6.2.1.1 单轴压缩荷载下广义流变

#1 模型 100000s 计算结果用◇表示，#2 模型 100000s 计算结果用□表示。图 6.1 所示为应力-应变曲线上广义流变试验从启动点开始到 1000s、10000s 和

100000s 后的应力、应变的位置。图 6.1a 所示为以单轴压缩强度 50% 应力水平作为启动点，沿左上方的实线是应力-应变曲线，100000s 后图中的计算点基本呈直线，这条直线几乎与应力-应变曲线平行。图 6.1a 中 ● 表示 100000s 试验值，试验值由于试件差异和端部效应原因，数据有点分散，但计算结果和试验结果整体还是比较一致的。图 6.1b 所示为单轴压缩强度 80% 应力水平作为启动点，在 $\alpha = 3$ 的情况下，计算值和试验值差异较大，其他方向系数下一致性较好，计算结果和试验结果整体还是比较一致的。图 6.1c 所示为峰值处作为启动点，计算值呈

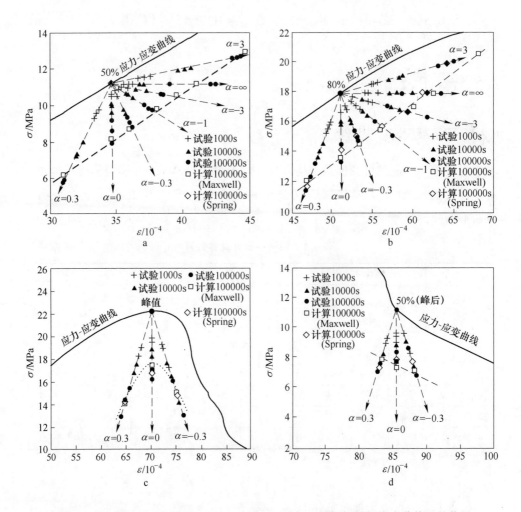

图 6.1　田下凝灰岩 1000s、10000s、100000s 后广义流变在应力-应变曲线上的位置

a—应力水平：50% 启动点；b—应力水平：80% 启动点；

c—应力水平：峰值荷载启动点；d—应力水平：峰后 50% 启动点

现弯曲，其形状类似于应力-应变曲线峰值区域，计算结果和试验结果一致性很好。图 6.1d 所示为以峰后 50% 应力处作为启动点，计算曲线大体和试验曲线走向一致，计算结果和试验结果一致性较好。从计算结果可知，#1 模型对 50% 应力水平的广义流变不能模拟，而对 80%、峰值和峰后 50% 应力水平，#1 和#2 模型都能成功的模拟广义流变结果。从而可知，#1 模型不能模拟低应力水平下的广义流变试验曲线，而#2 模型既能模拟低应力水平、又能模拟峰值、峰后启动点的广义流变曲线。

### 6.2.1.2　单轴拉伸荷载下广义流变

图 6.2 所示为应力-应变曲线上广义流变试验从启动点开始到 100s、300s、1000s、3000s、10000s 和 30000s 后的应力、应变的位置。30000s 时刻的#2 模型计算点用□表示，#1 模型计算点用◇表示。与单轴压缩广义流变相类似，图中以单轴拉伸强度 50% 应力水平作为启动点，沿左上方的实线是应力-应变曲线，30000s 时#2 模型计算点呈直线，但是单轴拉伸广义流变的等时点并不呈直线，而是向上凸起，和拉伸应力-应变曲线的形状相似，此符合广义流变的特征，而计算等时线呈直线是由于本构模型以及参数选取的原因引起的，在后续的工作中继续加大试验和完善本构方程，深入研究单轴拉伸广义流变的数值计算。30000s 时#1 模型计算点在启动点处，同单轴压缩荷载下广义流变的模拟结果相同，在低应力水平下，#1 模型不能模拟拉伸荷载下广义流变曲线。

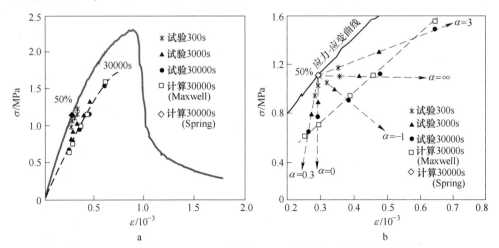

图 6.2　田下凝灰岩 30000s 后拉伸广义流变在应力-应变曲线上的位置

a—全应力-应变；b—放大图

## 6.2.2 河津凝灰岩广义流变

对 70% 和 90% 应力水平下的广义流变试验用 #2 模型进行了数值计算，在 10000s 时广义流变计算结果和试验结果见表 6.2，比较计算值和试验值（平均值），计算值和试验值一致性很好。

**表 6.2　10000s 后广义流变计算与试验结果**

| 应力水平 | α | 应变值/×10⁻⁴ | | | 松弛应力/MPa | | | |
|---|---|---|---|---|---|---|---|---|
| | | 3 | ∞ | −3 | −1 | −0.3 | 0 | 0.3 |
| 70% | 实测值（均值） | 44.29 | 41.03 | 40.15 | 25.78 | 25.21 | 24.67 | 23.25 |
| | 计算值 | 45.55 | 41.61 | 40.42 | 25.46 | 24.95 | 24.57 | 23.99 |
| 90% | 实测值（均值） | — | — | 53.84 | 32.89 | 32.14 | 31.53 | 30.13 |
| | 计算值 | — | — | 53.62 | 32.79 | 32.16 | 31.7 | 30.99 |

图 6.3a 所示为从应力水平 70% 开始进行广义流变试验时应变增加随时间变化的 3 个例子。$\alpha = 3$ 时应力随应变的增加而增加，所以给出了最大应变的变化。$\alpha = \infty$ 是蠕变。$\alpha = -3$ 时应力随应变的增大而减小，所以应变的变化是最小的。3 个例子的共同点是横轴取时间对数时应变在图中基本上是沿直线增加。这 3 个例子中，整体上试验结果和计算结果一致性较好。图 6.3b 所示为应力水平 70% 开始进行广义流变试验时应力降随时间变化的 4 个例子。$\alpha = -1$ 和 $\alpha = -0.3$ 是 Ⅱ 区域，从启动点向右下方下降的情况。$\alpha = 0$ 是应变无变化的情况，是应力松弛。$\alpha = 0.3$ 是 Ⅲ 区域，从启动点开始向左下方移动的情况，其应力下降最大，主要是因为应力随应变的减小而减小。这里给出的 4 个例子，整体试验结果和计算结果一致性较好，图中试验曲线的波动主要是伺服试验机控制方面的问题，需继续追加试验来完善。图 6.4 所示为应力-应变曲线上广义流变试验的启动点和 10000s 后的位置。图 6.4a 是以单轴压缩强度 70% 应力处作为启动点，沿左上方的实线是应力-应变曲线，图中 $\alpha$ 是广义流变方向系数（预设值），■表示计算值，10000s 后图中的计算点基本上呈直线，这条直线几乎与应力-应变曲线平行；▲表示试验值，虽然稍微有点分散，但计算结果和试验结果还是比较一致的。图 6.4b 是以单轴压缩强度 90% 应力处作为启动点，启动点为高应力，在方向系数 $\alpha = 2$ 和 $\alpha = 3$ 的情况下广义流变试验很难控制。本节对 $\alpha = \infty$、−3、−1、−0.3、0、0.3 条件下的广义流变试验进行了数值计算，模拟结果显示，在 $\alpha = -3$、−1、−0.3、0、0.3 时，计算值和试验值一致性很好，但 $\alpha = \infty$ 时，计算值离散性很大，探其原

因，可能和高应力下广义流变试验控制、本构方程和参数选取有关，峰值强度附近数值计算也是个难题，将作为未来研究的课题。

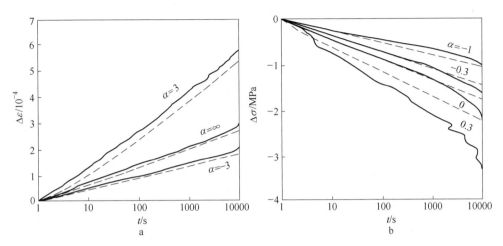

图 6.3 在 70% 应力水平下试验（实线）和计算（虚线）
应变增加（应力降）- 时间曲线

a—应变变化量-时间；b—应力降-时间

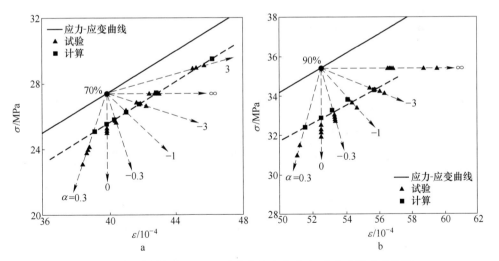

图 6.4 河津凝灰岩 10000s 后广义流变在应力-应变曲线上的位置

a—应力水平：70% 启动点；b—应力水平：90% 启动点

## 6.2.3 三城目安山岩广义流变

对三城目安山岩用 #2 模型进行了数值计算，应力-应变曲线和 50% 的蠕变曲线数值计算结果如图 6.5 所示。全应力-应变曲线数值计算中（图 6.5a），峰前区域计算曲线和试验曲线几乎重合，峰后大体模拟了试验曲线，计算值和试验值一致性较高。50%蠕变试验数值计算结果如图 6.5b 所示，图中有 4 个试验曲线，计算曲线为实线，在 500s 之前计算曲线小于试验曲线，在 500s 后计算曲线略大于试验曲线，但整体上该模型很好地模拟了蠕变试验结果。

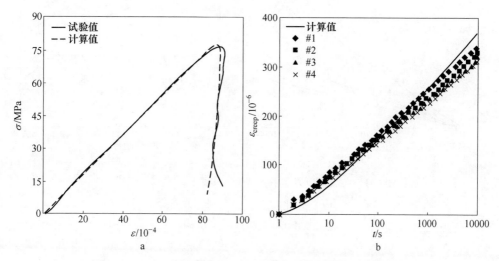

图 6.5　三城目安山岩全应力-应变曲线和蠕变曲线数值计算

a—全应力-应变曲线；b—50%蠕变曲线

对应力水平为 20%、30%、40%、50%、65%、70%、75%、80%的蠕变试验和 50%、65%、80%的松弛试验在 10000s 时的值进行数值计算，结果如图 6.6 所示。计算了 1%、10%、20%、40%、60%、70% 和 80%应力水平下 10000s 时刻的蠕变应变和 1%、10%、20%、35%、50%、65%、80%应力水平下 10000s 时刻的松弛应力。应力水平和蠕变应变、松弛应力呈很好的线性关系，计算和试验结果一致性很好，从而验证了选取的模型和参数的合理性。通过该模型对启动点为 85%的广义流变（$\alpha = 2$）的应变率进行了数值计算。按照广义流变理论，当 $\alpha = 2$ 时，从启动点开始，随着时间的增加，应变增大，应力也变大。在短时间内，应变率与时间成反比例关系，即应变与时间成正比例关系，也体现了蠕变对数法则，如图 6.7a 所示。应变率与破坏前的时间（残余寿命）成反比关系，如图 6.7b 所示，证明了广义流变的数值计算结果符合实际。

图 6.8a 中实线表示三城目安山岩恒定应变速率的应力-应变曲线，10000s 后的试验结果与应力应变曲线大致平行分布，图中的计算值也大致与应力-应变曲

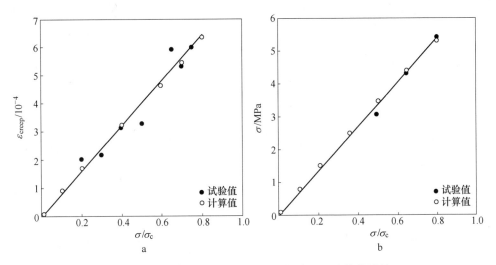

图 6.6 三城目安山岩在 10000s 时蠕变和松弛数值计算

a—不同应力水平下的蠕变应变；b—不同应力水平下的松弛应力

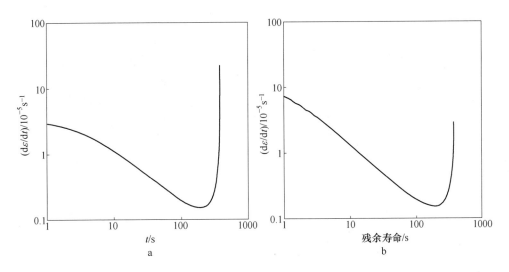

图 6.7 85%应力水平下广义流变（$\alpha=2$）应变率计算值

a—应变率-时间；b—应变率-残余寿命

线平行，和试验值也大体一致。图 6.8b 所示为应力水平 65%的广义流变试验，图中试验结果、计算结果走向和应力水平为 50%的广义流变类似，即试验结果与计算结果一致性较好。图 6.8c 所示为应力水平 80%的广义流变试验，在 $\alpha<1$ 时，图中试验和计算结果与应力水平 50%、65%类似，但在 $\alpha>1$（即 $\alpha=3$）时，随着时间增加计算值和试验值逐渐拉开，计算的应力和应变的增加率比试验结果略小，对此，将作为未来研究课题，不仅需要修改模型，也需要追加试验。图 6.8d 所示为应力水平 50%、65%、80% 的试验值和计算值，试验结果和计算结果都落到全应力-应变曲线内部，连接 10000s 的所有点，得到向内收缩的虚线，其形态和全应力-应变曲线一致。

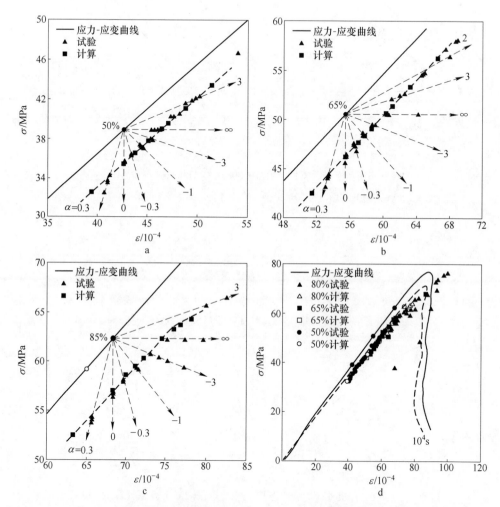

图 6.8 三城目安山岩 10000s 后广义流变在应力-应变曲线上的位置

a—应力水平：50% 的启动点；b—应力水平：65% 的启动点；

c—应力水平：80% 的启动点；d—应力水平：50%、65%、80%

## 6.2.4 井口砂岩广义流变

井口砂岩用 #1 和 #2 模型进行了数值计算，计算参数见表 6.1，80% 应力水平下，#1 模型 100000s 计算结果用◇表示，#2 模型 100000s 计算结果用□表示。

如图 6.9 所示，用#2 模型计算时，当 $\alpha = 0.3$、$-0.3$、$-1$、$-3$ 和 3 时，计算结果和试验结果相比一致性很好，当 $\alpha = 0$ 时，即松弛试验，计算值明显小于试验值，当 $\alpha = \infty$ 时，即蠕变试验，计算值明显大于试验值，需要追加大量的试验继续来验证。把时间为 100000s 所有的计算点连接起来后，大概成线性，与井口砂岩全应力-应变曲线大体平行。

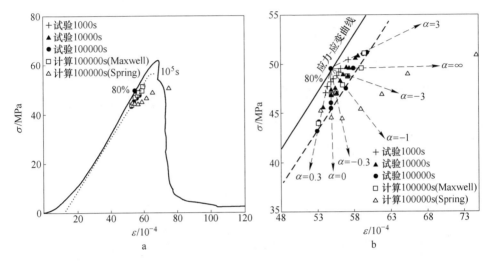

图 6.9 井口砂岩 100000s 后广义流变在应力-应变曲线上的位置

a—全应力-应变；b—放大图

用#1 模型计算时，当 $\alpha = 0.3$ 时，计算值明显小于试验值，当 $\alpha = 0$ 时，计算值略大于试验值，当 $\alpha = -0.3$、$-1$、$-3$、$\infty$ 和 3 时，计算结果明显偏离试验结果，即#1 模型对 II 类岩石（井口砂岩）广义流变试验结果模拟效果差异较大，而#2 模型对 II 类岩石（井口砂岩）广义流变试验结果模拟效果相对较好。在未来研究中，将追加井口砂岩峰前低应力水平、峰值和峰后作为启动点的广义流变试验，研究其相似性和差异性。

## 6.3 广义流变-速率效应计算结果对比

图 6.10 所示为依据图 4.30，用#2 模型对 I 类岩石（田下凝灰岩）和 II 类岩石（井口砂岩）广义流变特性进行计算的结果。$10^5$s 时其点如图中启动点所示，随着时间的增加，蠕变曲线将和 4 个速率下的全应力-应变峰后曲线相交，由式（5.7）可知当荷载速率增大 10 倍时，蠕变速率也将增大 10 倍。由式（5.8）可

知，$t_F = B\sigma_{cr}^{-n_3}$，即蠕变破坏寿命和蠕变应力水平 $\sigma_{cr}$ 成反比关系。图中虚线为等时线（10 倍），在峰前区域，Ⅰ类岩石（田下凝灰岩）和Ⅱ类岩石（井口砂岩）等时线呈一条直线，可被认为是 4 个速率下的全应力-应变曲线向内的收缩线，计算结果和试验结果具有相同的规律，从而用广义流变理论和#2 模型可预测岩体渐进破坏过程工程的寿命。

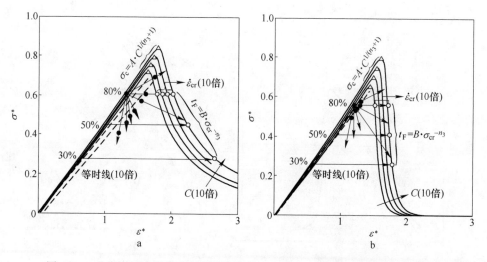

图 6.10　Ⅰ类岩石和Ⅱ类岩石荷载速率与广义流变计算结果（80%应力水平）

a—田下凝灰岩；b—井口砂岩

# 7 岩石广义流变工程应用

## 7.1 地下矿柱支护工程

单轴压缩荷载条件下，地下矿柱支护表现出广义流变特性[23]，根据式（2.3）和式（2.4）及图2.2，给出广义流变工程物理意义，如图7.1所示。

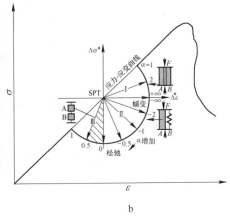

a                   b

图 7.1 广义流变工程物理意义（矿柱支护）

a—地下矿柱支护实物图；b—地下矿柱支护广义流变

（1）Ⅰ区域（第一象限）。该区域应力随应变增大而增大，其工程物理意义是：矿柱 A（未破坏）和矿柱 B（破坏后）并联，两端总应力保持恒定。随着时间的增加，矿柱 B 逐渐失去承载能力，导致矿柱 A 受力增加。广义流变模拟了矿柱 A 的变化，即随着时间的增加，矿柱 A 应变增大，应力也增大。

（2）Ⅱ区域（第四象限）。该区域应力随应变增大而降低，其工程物理意义是：矿柱 A（破坏或未破坏）和刚性支护 B 并联，两端总应力保持恒定，当刚性支护 B 弹性力增大时，矿柱 A 受力减小。广义流变模拟了矿柱 A 的变化，即随着时间的增加，矿柱 A 应变增大，应力减小。

（3）Ⅲ区域（第三象限）。该区域应力随应变减小而降低，其工程物理意义是：矿柱 A（未破坏）和矿柱 B（破坏后）串联，两端的位移固定，矿柱 A 位移减小量等于矿柱 B 的位移增加量，矿柱 A 应力变化与矿柱 B 相同。广义流变模拟了矿柱 A 的变化，即随着时间的增加，矿柱 A 应变减小，应力也减小。

综上所述，地下工程在以上几种情况下都会经常发生，广义流变具有重要的工程意义。

## 7.2　隧道围岩支护工程

Fenner-Pacher 曲线可以解释隧道围岩支护效果[23,74]，纵轴取支护所受荷载，横轴取隧道内的位移，如图 7.2a 所示。图 7.2b 被看作是最简单的隧道围岩应力

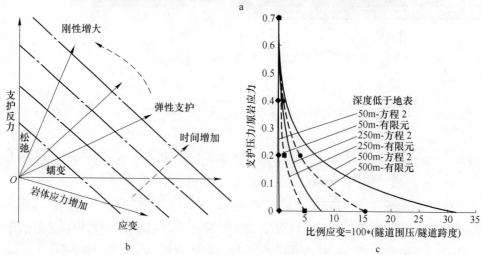

图 7.2　广义流变工程物理意义（隧道围岩）

a—隧道支护系统现场图；b—隧道围岩 Fenner-Pacher 图[23]；c—隧道支护力和位移关系[89]

和应变的关系。广义流变状态点（应力和应变）首先从启动点开始向斜上方移动，启动点处取值为 0，支护所受荷载换算后成为应力的变化量，10000s 后与连接 10000s 的直线相交。之后，广义流变状态点继续向斜上方移动，达到设计寿命时，与连接设计寿命状态点的特征曲线相交，这条曲线可以通过数值计算求得。图中还画了应力松弛、蠕变及其他原因导致的地压随时间增加，力和位移同时变化的情况。在隧道工程围岩和支护的耦合作用下，随着时间的增加，围岩支护力增大，围岩位移减小；支护力减小，围岩位移增大，力和位移变化规律大体符合广义流变静态力学特征。E. Hoek[89]分析了位移和支护力关系，如图 7.2c 所示，随着时间的增加，支护力越大，隧道围岩位移减小；支护力越小，隧道围岩位移增大，符合广义流变力学特征。现场设置的支护（如钢支护），在短时间内与隧道壁面并不是完全紧密地贴在一起，不产生支护反力[90]。

金丰年[23]假定支护为弹性支护，并且一开始就与洞壁密切相贴，计算了隧道位移和隧道岩壁受力或支护反力的关系，如图 7.3a 所示，$C$ 点为支护时刻，经过 $10^3$s、$10^6$s、$10^9$s、$10^{12}$s 和 $10^{15}$s 后曲线向上移动，即随着时间的增加，隧道位移增大，隧道岩壁受力或支护反力减小。在 $D$ 点进行支护时，经过 $10^3$s、$10^6$s、$10^9$s、$10^{12}$s 和 $10^{15}$s，其隧道位移增大较多，而支护反力比 $C$ 点支护较小，符合实际工程。对图 7.3a 进行广义流变转换，如图 7.3b 所示，在图 7.3b 中 $C$

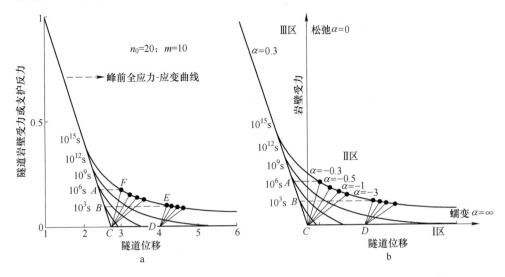

图 7.3　支护和围岩特征曲线

a—围岩支护特征线[9]；b—广义流变转换图

点作为广义流变的启动点，横轴为蠕变方向（$\alpha = \infty$），纵轴为松弛方向（$\alpha = 0$），从横轴到纵轴区域为广义流变的Ⅱ区域，纵轴左部分为广义流变的Ⅲ区域。在不同的方向系数下，随着时间的增加，在Ⅱ区域，隧道位移增大，受力减小；在Ⅲ区域，隧道位移减小，受力也减小，图中表现为直线，符合广义流变特征。随着时间的增加，不同方向系数下的等时线为图中曲线，即经过相同时间后应力、应变的位置，在应力-应变曲线上，称为缩小的应力-应变曲线。

## 7.3　深井工程岩爆预测

1738 年英国的南斯塔福煤矿首次发生岩爆，距今近 270 多年，岩爆的理论研究从 20 世纪 20~30 年代开展起来，近几十年来，国内外采矿界和岩体工程界专家、学者对硬岩脆性破坏及由此引发的岩爆进行了大量的研究，取得了很多有价值的结论及成果。E. Hoek 等人[89]认为，地下井巷和采场周围产生应力集中，当应力集中程度达到矿岩强度极限时，岩层突然破坏，发生岩爆，并在 1980 年提出了经验性强度准则。但是强度理论忽略了岩爆的动力学特征，赵本均等人[91]采用不同加载速度对灰质页岩进行的强度试验表明，缓慢加载时，破坏过程平缓；快速加载时，试样发生崩裂。试验结果表明岩爆破坏具有动力学特征，同时也说明强度理论有待进一步完善。谭以安博士[92]利用扫描电镜（SEM）对天生桥引水隧洞灰岩岩爆碎片进行了观察研究，提出岩爆一般经历"劈裂成板—剪断成块—块片弹射"三个阶段，属"张-剪"破坏复合的结果。张黎明等人[93]也进行了开挖条件下的卸载模拟试验，指出处于压缩应力状态下的岩体，如果某一方向的应力突然降低造成岩石在较低应力水平下破坏，那么原岩储存的弹性应变能会对外释放，释放的能量将转化为破裂岩块的动能，进而可能引起岩爆。李廷芥等人[94]根据白岗岩和灰岩在单轴压缩条件下的裂纹特征，基于岩爆是大量裂纹生成和扩展造成的一种动态破坏过程的认识，提出裂纹的分形维数值越低，岩爆倾向越大。谢和平[95]也用分形分维的数学方法对岩爆机理进行了描述，指出分形维数越低，岩爆倾向越大，如图 7.4 所示。

综上所述，岩爆发生的原因是各种动力扰动，造成岩石内应力不断的调整，内部位移也发生微小的变化，岩爆孕育过程中，符合广义流变特征，即随着时间的增加，应力和应变同时发生变化，当位移达到破坏临界值时，内部能量突然释放并发生岩爆。引入广义流变理论定量研究岩爆发生的机理、孕育和破坏过程，深化研究岩石动力学机理，对预测地下岩爆具有重要的意义。

图 7.4　广义流变工程物理意义（地下岩爆）

## 7.4　岩体边坡滑坡工程

　　岩土边坡的渐进破坏观点早就被人们所接受，它不是瞬间发生的，而是一个由局部破坏逐渐扩展以致贯通形成滑面的渐进过程。岩土材料由于蠕变损伤、含水量以及化学、机械潜蚀等造成结构面和强度都在逐渐改变；同时由于内部水的流动等，造成内部应力腐蚀，从而随着时间的增加，内部荷载或快或慢发生变化，由于裂隙和结构面的存在，在应力集中时位移逐渐积累，导致内部局部破坏，一旦发生局部破坏，应力将发生转移并重新调整，不断发生应力释放、转移和调整的循环过程，造成内部裂隙不断延伸，最终导致破坏面完全贯穿，并发生边坡滑坡地质灾害[96]。

　　岩土体典型的荷载-位移全过程曲线如图 7.5 所示。随着时间的增加，当所承受的荷载在比例极限荷载之内时，其位移变化曲线呈现 I 型稳定时间曲线特征，如果载荷超过比例极限或处于峰值荷载后区时，位移曲线呈现非稳定时间曲线特征[97]。岩土体边坡时间-位移变化曲线符合广义流变流变特性。陈国庆[98]认为边坡的变形破坏是量变积累到质变的渐进破坏过程，基于强度折减法思想，提出模拟边坡渐进破坏的动态折减法，通过不断动态折减局部破损体的强度参数，边坡演化到贯通，随着时间的增加，其边坡强度折减，时间-强度变化曲线符合广义流变流变特性。

　　综上所述，岩土边坡的破坏是渐进破坏，随着时间的增加，应力和位移同时发生变化，位移逐渐增大，强度逐渐折减，符合广义流变特征。

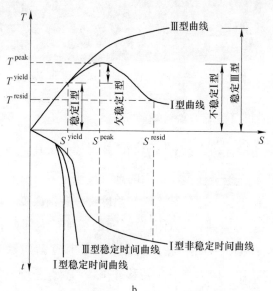

图 7.5　广义流变工程物理意义（岩土边坡）

a—岩土边坡滑坡现场；b—岩土体荷载-位移关系曲线与监测

位移-时间关系曲线示意图[89]

## 7.5　巷道顶板支护工程

单轴拉伸荷载条件下广义流变的工程意义是巷道顶板锚杆支护工程中，在中垂线方向顶板弯曲拉应力和该方向锚杆耦合作用下，力和位移变化规律大体符合拉荷载条件下广义流变静态力学特征，如图 7.6 所示，在地下矿山工程，隧道等工程中，顶板弯曲拉力和锚杆受力情况符合广义流变特征，如图 7.7 所示。

（1）顶板弯曲拉力 + 锚杆力 = 总拉力（保持不变），总位移 = 顶板位移 = 锚杆弹性位移；

（2）当锚杆处于弹性阶段时，锚杆受力增大，锚杆弹性位移增大，而顶板弯曲拉力减小，顶板位移增大——Ⅱ区域（第四象限）；

（3）当锚杆处于松脱（拔出）拔出阶段时，锚杆受力减小，锚杆弹性位移减小，而顶板弯曲拉力增大，顶板位移继续增大——Ⅰ区域（第一象限）。

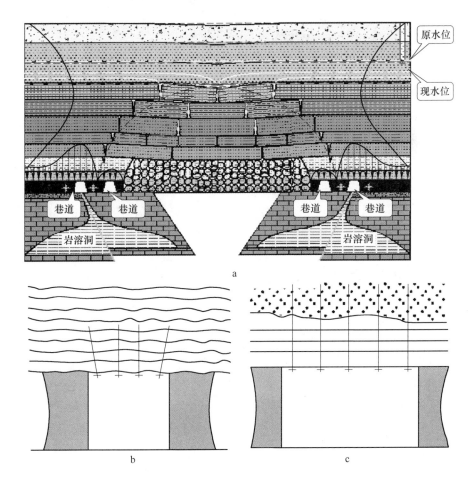

图 7.6　锚杆和顶板的组合

a—巷道岩层现场图；b—锚杆的组合作用；c—锚杆的悬吊作用

综上所述，地下矿柱支护工程、隧道围岩支护工程、深井工程岩石的岩爆、岩土边坡渐进破坏、巷道顶板锚杆支护等工程，其共同特点是渐进破坏过程，随着时间的增加，应力和应变同时发生变化，符合广义流变特性，复杂条件下广义流变工程物理意义尚需进一步分析和探寻。

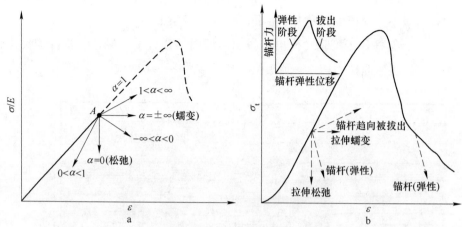

图 7.7   单轴拉伸应力下广义流变工程意义

a—拉伸全域图；b—锚杆应力-应变

# 参 考 文 献

［1］ 中国土木工程协会. 2020 年中国土木工程科学和技术发展研究［C］//2020 年中国科学和技术发展研究暨科学家论坛会, 北京: 2004.

［2］ 万玲. 岩石类材料粘弹塑性损伤本构模型及其应用［D］. 重庆: 重庆大学, 2004.

［3］ 李广信. 岩土工程的经济、安全与可持续发展［J］. 岩土工程学报, 2004, 7 (7): 1~7.

［4］ 许江, 刘靖, 程立朝, 等. 压剪荷载条件下砂岩双面剪切细观开裂扩展演化特性试验研究［J］. 岩石力学与工程学报, 2014, 33 (4): 649~657.

［5］ 程立朝. 煤岩剪切细观开裂演化及其特征量化研究［D］. 重庆: 重庆大学, 2014.

［6］ 杨圣奇. 岩石流变力学特性的研究及其工程应用［D］. 江苏: 河海大学, 2006.

［7］ Langer M. Rheological behavior of rock masses (General report)［C］// Proc 4th Int Congr on Rock Mechanics, Montreux, Balkema, Rotterdam, 1979, (3): 29~62.

［8］ Ma L, Daemen J J K. Strain rate dependent strength and stress-strain characteristics of a welded tuff［J］. Bull Engineer and Geology Envirnment, 2006: 10.

［9］ Yang J H. Effect of displacement loading rate on mechanical properties of sandstone［J］. Electronic Jounral of Geotechnical Engineering, 2015, 20 (2): 591~602.

［10］ Bazant Z P, Bai Shangping, Ravindra Gettu. Fracture of rock: Effect of loading rate［J］. Engineering Fracture Mechanics, 1993, 45 (3): 393~398.

［11］ Jeong H S, Seong Seung Kang, Yuzo Obara. Infuence of surrounding environments and strain rates on strength of rocks under uniaxial compression［J］. International Journal of the J apanese Committee for Rock Mechanics, 2008: 21~24.

［12］ Khamrat S, Fuenkajorn K. Effects of loading rate and pore pressure on compressive strength of rocks［C］//The 11th International Conference on Mining, Materials and Petroleum Engineering, 2013: 11~13.

［13］ Perkins R D, Green S J, Friedman M. Uniaxial stress behavior of porphyritic tonalite at strain rates to 103/s［J］. Int J Rock Mech Min Sci, 1970, 7: 527~535.

［14］ Hashiba K, Fukui K. Index of loading-rate dependence of rock strength［J］. International Journal of Rock Mechanics and Engineering, 2015, 48: 859~865.

［15］ Hashiba K, Okubo S, Fukui K. A new testing method for investigating the loading rate dependence of peak and residual rock strength［J］. International Journal of Rock Mechanics & Mining Sciences, 2006, 43: 894~904.

［16］ 雷鸣, 羽柴公博, 福井胜则, 等. 强度破坏点后岩石应力-应变曲线荷载速率依存性研究［J］. 岩石力学与工程学报, 2010, 29 (6): 1123~1131.

［17］ Lei M, Hashiba K, Okubo S, et al. Loading rate dependence of complete stress-strain curve of various rock types［C］//The 14th World Conference on Earthquake Engineering, 2008: 12~17.

［18］ Lei Ming, Hashiba Kimihiro, Okubo Seisuke, et al. Loading rate dependence of rock in indirect tension test［C］//The 12th Japan Symposium on Rock Mechanics & 29th Western Japan Symposium on Rock Engineering, 2008: 372~389.

［19］ Okubo S, Hashiba K, Fukui K. Loading rate dependence of strengths of some Japanese rocks

[J]. International Journal of Rock Mechanics & Mining Sciences, 2013, 58: 180~185.

[20] 齐庆新. 煤的直接单轴拉伸特性的试验研究 [J]. 煤矿开采, 2001, 46 (4): 15~19.

[21] Okubo S, Fukui K, Qi Qingxin. Uniaxial compression and tension tests of anthracite and loading rate dependence of peak strength [J]. International Journal of Coal Geology, 2006, 68: 196~204.

[22] 吴绵拔. 加载速率对岩石抗压和抗拉强度的影响 [J]. 岩土工程学报, 1982, 1 (2): 97~106.

[23] 金丰年. 岩石的时间效应 [D]. 上海: 同济大学, 1993.

[24] 李永盛. 加载速率对红砂岩力学效应的试验研究 [J]. 同济大学学报 (自然科学版), 1995, 23 (3): 265, 269.

[25] 苏承东, 李怀珍, 张盛, 等. 应变速率对大理岩力学特性影响的试验研究 [J]. 岩石力学与工程学报, 2013, 32 (5): 943~950.

[26] 孟庆彬, 韩立军, 蒲海, 等. 尺寸效应和应变速率对岩石力学特征影响的试验研究 [J]. 中国矿业大学学报, 2016, 45 (2): 233~243.

[27] 周辉, 杨艳霜, 肖海斌, 等. 硬脆性大理岩单轴抗拉强度特性的加载速率效应研究——试验特征与机制 [J]. 岩石力学与工程学报, 2013, 32 (9): 1868~1875.

[28] 刘俊新, 刘伟, 杨春和, 等. 不同应变速率下泥页岩力学特性试验研究 [J]. 岩土力学, 2014, 35 (11): 3093~3100.

[29] David Griggs. Creep of Rocks [J]. The Journal of Geology, 1939, 3: 225~242.

[30] Ito H, Sasajima S. A ten year creep experiment on small rock specimens [J]. International Journal of Rock Mechanics and Mining Sciences, Genomic Baster, 1987, 24: 113~134.

[31] 王志俭. 万州区红层岩土流变特性及近水平地层滑坡成因机理研究 [D]. 北京: 中国地质大学, 2008.

[32] Zheng Hong, Feng Xiating, Hao Xianjie. A creep modul for weakly consolidated porous sandstone including volumetric creep [J]. International Journal of Rock Mechanics & Mining Sciences, 2015, 78: 99~107.

[33] Gasc-Barbier M, Chanchole S, Berest P. Creep behavior of Bure clayey rock [J]. Appl Clay Sic, 2004, 26: 449~458.

[34] Wang Guijun, Zhang Lei, Zhang Yuwen, et al. Experimental investigations of the creep-damage-rupture behavior of rock salt [J]. International Journal of Rock Mechanics & Mining Sciences, 2014, 66: 181~187.

[35] Evert Hoek, Carranza-Torres, Brent Corkum. Hoek-Brown failure criterion -2002edition [C] // Proceedings of the fifth North American Rock mechanics symposium and the 17th Tunnelling Association of Canada Conference, Torronto, 2002, 1: 267~273.

[36] Cristescu N, Hunsche U. Time effects in rock mechanics [M]. Chichester: Wiley, 1998.

[37] Okubo S, Nishimatsu Y, Fukui K. Complete creep curves under uniaxial compression [J]. Int J Rock Mech Min Sci & Genomic, 1991, 28 (1): 77~82.

[38] Okubo S, Fukui K, Hashiba K. Long-term creep of water-saturated tuff under uniaxial compression [J]. Int J Rock Mech Min Sci, 2010, 47: 839~844.

[39] 梁卫国, 徐素国, 赵阳升, 等. 盐岩蠕变特性的试验研究 [J]. 岩石力学与工程学报, 2006, 25 (7): 1386~1390.

［40］马建春. 岩盐流变特性的研究 ［D］. 重庆：重庆大学，1995.

［41］Liang W G, Zhao Y S, Xu S G. The experimental study on shear mechanical characteristics of heated rock salt ［C］//Procedding of the 3rd ISRM International Symposium ARMS. Rotterdam：［s. n］, 2004：427~430.

［42］张治亮，徐卫亚，王伟，等. 向家坝水电站坝基挤压带颜色压缩蠕变试验及非线性黏弹塑性蠕变模型研究 ［J］. 岩石力学与工程学报，2011，30（1）：132~140.

［43］蒋昱州，徐卫亚，王瑞红，等. 岩石非线性蠕变损伤模型研究 ［J］. 中国矿业大学学报，2009，38（3）：331~335.

［44］袁海平，曹平，许万忠，等. 岩石黏弹塑性本构关系及改进的 Burgers 蠕变模型 ［J］. 岩土工程学报，2006，28（6）：796~799.

［45］潘鹏志，冯夏庭，申林方，等. 裂隙花岗岩各向异性蠕变特性研究 ［J］. 岩石力学与工程学报，2011，30（1）：36~44.

［46］范秋雁，阳克青，王渭明，等. 泥质软岩蠕变机制研究 ［J］. 岩石力学与工程学报，2010，29（8）：1555~1561.

［47］李青海. 查干淖尔一号井软岩巷道失稳机理及其控制研究 ［D］. 北京：中国矿业大学，2013.

［48］邹建超，赵同彬，房凯，等. 分级加载蠕变全过程岩石硬化及损伤机制 ［J］. 山东科技大学学报（自然科学版），2015，34（6）：58~67.

［49］Haupt M. A Constitutive Law for Rock Salt Based on Creep and Relaxation Tests ［J］. Rock Mechanics and Rock Engineering, 2007（24）：179~167.

［50］Savage J C. Postseismic relaxation associated with transient creep theology ［J］. Journal of Geophysical Reaearch, 2007, 112：B05412.

［51］张泷，刘耀儒，杨强. 基于内变量热力学的岩石蠕变与应力松弛研究 ［J］. 岩石力学与工程学报，2015，34（4）：755~762.

［52］张强勇，杨文东，陈芳，等. 硬脆性岩石的流变长期强度及细观破裂机制分析研究 ［J］. 岩土工程学报，2011，33（12）：1910~1918.

［53］湛利华，阳凌. 时效蠕变与时效应力松弛行为转换关系 ［J］. 塑性工程学报，2013，20（3）：126~131.

［54］李永盛. 单轴压缩条件下四种岩石的蠕变和松弛试验研究 ［J］. 岩石力学与工程学报，1995，14（1）：39~47.

［55］熊良宵，杨林德，张尧. 绿片岩多轴受压应力松弛试验研究 ［J］. 岩土工程学报，2010，32（8）：1158~1165.

［56］张加旺. 泥质粉砂岩应力松弛实验及地下硐室稳定性控制 ［D］. 泰安：山东农业大学，2012.

［57］于怀昌，周敏，刘汉东，等. 粉砂质泥岩三轴压缩应力松弛特性试验研究 ［J］. 岩土工程学报，2011，30（4）：803~811.

［58］于怀昌，李亚丽，刘汉东. 粉砂质泥岩常规力学、蠕变以及应力松弛特性的对比研究 ［J］. 岩石力学与工程学报，2012，31（1）：60~70.

［59］田洪铭，陈卫忠，赵武胜，等. 宜-巴高速公路泥质红砂岩压缩应力松弛特性研究 ［J］. 岩土力学，2013，34（4）：981~986.

［60］田洪铭，陈卫忠，肖正龙，等. 泥质粉砂岩高围压三轴压缩松弛试验研究 ［J］. 岩上工

程学报，2015，37（8）：1433~1439.

[61] 伍向阳．岩石的应力松弛、应变硬化和应变软化［J］．地球物理学进展，1996，14
　　　（4）：71~76.

[62] 刘雄．岩石流变学概论［M］．北京：地质出版社，1994.

[63] 李军世．黏土蠕变-应力松弛耦合效应的数值探讨［J］．岩土力学，2001，22（3）：
　　　294~297.

[64] 袁静，益德清，龚晓南．黏土的蠕变-松弛耦合试验的方法初探［C］//中国岩石力学
　　　与工程学会第七次学术大会论文集，中国：西安，2009.

[65] 熊军民，李作勤．黏土的蠕变-松弛耦合试验研究［J］．岩土力学，1993，14（4）：
　　　17~24.

[66] 陈沅江．岩石流变的本构模型及其智能辨识研究［D］．湖南：中南大学资源与安全工程
　　　学院，2003.

[67] 喻波．软岩路基填料性能的干湿循环效应［D］．宜昌：三峡大学，2015.

[68] 高峰，徐小丽，杨效军，等．岩石热黏弹塑性模型研究［J］．岩石力学与工程学报，
　　　2009，28（1）：74~80.

[69] 蒋昱州，王瑞红，朱杰兵，等．砂岩的蠕变与弹性后效特性试验研究［J］．岩石力学与
　　　工程学报，2015，34（10）：2010~2017.

[70] 赵祖武．混凝土的徐变、松弛与弹性后效［J］．力学学报，1962，5（3）：143~152.

[71] Fukui K, Okubo S, Nishimatsu Y. Generalized relaxation behaviour of rock under uniaxial
　　　compression［J］. Journal of Mining and Materials Porcessing Institute of Japan，1992（108）：
　　　543~548.

[72] Okubo S, Hayashi K, Kobayashi Y, et al. Studies about strength recovery and generalized relax-
　　　ation behavior of rock（Ⅱ）［M］. JAEA-Research，2008：32~58（In Japanese）.

[73] Sanada M, Kishi H, Sugita Y, et al. Studies about strength recovery and generalized relaxation
　　　behavior of rock（Ⅴ）［M］. JAEA-Research，2012：57~79（In Japanese）.

[74] Okubo S, Zhang Hailong, Xu Jiang, et al. Numerical simulation on generalizeced relaxation of
　　　sanjome andesite［J］. Journal of Mining and Materials Porcessing Institute of Japan，2014，
　　　130：428~433.

[75] 高秀君，大久保诚介，福井胜则．气干预湿润状态下多孔隙岩石的黏弹性特性与力学模
　　　型［J］．岩石力学与工程学报，2007，26（7）：1325~1332.

[76] Okubo S, Gao X J, Fukui K. Deformation characteristics and a physical model for porous rocks
　　　under air-dried and water-saturated conditions［J］. Journal of the Mining and Materials Pro-
　　　cessing Institute of Japan，2005，121（12）：583~589（In Japanese）.

[77] Okubo S, Fukui K, Gao X J. Rheological behaviour and model for porous rocks under air-
　　　dried and water-saturated conditions［J］. The Open Civil Engineering Journal，2008，2：
　　　88~98.

[78] Wawersik W, Fairhurst C. A study of brittle rock fracture in laboratory compression experiments
　　　［J］. International Journal of Rock Mechanics & Mining Sciences，1970（7）：561~575.

[79] Okubo S, Nishimatsu Y. Uniaxial Compression Testing Using a Linear Combination of Stress
　　　and Strain as the Control Variable［J］. International Journal of Rock Mechanics & Mining Sci-
　　　ences，Abstr，1985，22（5）：323~330.

［80］Hudson J A，Brown E T，Fairhurst C. Optimizing the control of rock failure in servo-controlled laboratory tests ［J］. International Journal of Rock Mechanics & Mining Sciences，1971（3）：217~224.

［81］Nichimatsu Y，Okubo S，Yamaguchi T，et al. The effect of strain rate on the failure process of rocks in compression ［J］. International Journal of Mining Metall.，1981，97：1163~1168（In Japanese）.

［82］Terada M，Yanagitani T，Ehera S. AE rate controlled compression test of rocks ［J］. Pro 3rd Conference on Acoustic Emission Microseismic Activity in Geologic Structures and Materials，1984：159~171.

［83］Sano O，Terada M，Ehara S. A study on the time dependent microfracturing and strength of Oshima granite ［J］. Tectonopysics. 1982，84：343~362.

［84］Pan Pengzhi，Feng Xiating，Hudson J A. Numerical simulations of Class Ⅰ and Class Ⅱ uniaxial compression curves using an elasto-plastic cellular automaton and a linear combination of stress and strain as the control method ［J］. International Journal of Rock Mechanics & Mining Sciences，2006，43：1109~1117.

［85］谭以安. 岩爆岩石断口扫描电镜分析及岩爆渐进破坏过程 ［J］. 电子显微学报，1989，15（1）：41~47.

［86］Hashiba K，Lei M，Okubo S，et al. Strength recovery and loading-rate dependence of fractured rock ［J］. Journal of the Mining and Materials Processing Institute of Japan，2009，125（9）：481~488（In Japanese）.

［87］Okubo S，Fukui K. An analytical investigation of a variable-compliance-type constitutive equation ［J］. Rock mech. Rock Engng，2006，39（3）：233~253.

［88］Hashiba K，Fukui K. Study on constitutive equation and mechanical behaviours of rock in uniaxial tension ［J］. Journal of Mining and Materials Porcessing Institute of Japan，2014，130：146~154.

［89］Hoek E，Brown T. 岩石地下工程 ［M］. 北京：冶金工业出版社，1986：128~130.

［90］Evert Hoek. Tunnel support in weak rock ［C］//Symposium of Semposium of Sedimentary Rock Engineering，Taipei，Taiwan，November 20~22，1998.

［91］赵本均，滕学年. 冲击地压及其防治 ［M］. 北京：煤炭工业出版社，1995：428~436.

［92］谭以安. 岩爆形成机理研究 ［J］. 水文工程地质，1989（1）：34~38.

［93］张黎明，王在泉，等. 卸荷条件下岩爆机理的试验研究 ［J］. 岩石力学与工程学报，2005，24（S1）：4769~4773.

［94］李廷芥，王耀辉，张梅英，等. 岩石裂纹的分形特征及岩爆机理研究 ［J］. 岩石力学与工程学报，2000，19（1）：6~10.

［95］谢和平. 岩爆的分形特征和机理 ［J］. 岩石力学与工程学报，1991，12（1）：28~37.

［96］王庚荪. 边坡的渐进破坏及稳定性分析 ［J］. 岩石力学与工程学报，2000，19（1）：29~33.

［97］卢应发，刘德富，石峻峰. 边坡的渐进破坏机理及稳定性分析 ［J］. 工程地质学报，2015，23：452~464.

［98］陈国庆，黄润秋，周辉，等. 边坡渐进破坏的动态强度折减法研究 ［J］. 岩土力学，2013，34（4）：1140~1146.